寒区水工混凝土防护修补技术研究与应用

汪魁峰　王　健　张永先　徐志林　夏海江　邵大明　等著

黄河水利出版社
·郑州·

内 容 提 要

水利工程是保障国民经济平稳发展、保障粮食生产的重要基础。开展寒区水工混凝土防护修补技术研究与试验可以延长寒区新老水工混凝土结构的使用寿命,节约成本,对提升工程的综合性效益具有重要意义。本书在扼要阐述寒区水工混凝土主要病害知识的基础上,根据辽宁省内水工混凝土结构防护修补工程实例,对其所涉及的防护修补技术进行研究,同时对防护修补过程中涉及的材料、技术和方法进行总结,为国内外类似寒区水利工程的防护修补提供借鉴和参考。

本书对长期从事水工混凝土结构设计、施工、检测和试验的工程人员具有实用价值,亦可供长期从事水工结构研究的科研人员、大专院校学生及隧洞工程设计人员阅读参考。

图书在版编目(CIP)数据

寒区水工混凝土防护修补技术研究与应用/汪魁峰等著.
—郑州:黄河水利出版社,2017.11
ISBN 978 - 7 - 5509 - 1899 - 3

Ⅰ.①寒… Ⅱ.①汪… Ⅲ.①寒冷地区 - 水工建筑物 - 混凝土结构 - 防护 - 研究②寒冷地区 - 水工建筑物 - 混凝土结构 - 修缮加固 - 研究 Ⅳ.①TV698

中国版本图书馆 CIP 数据核字(2017)第 287080 号

组稿编辑:李洪良 电话:0371 - 66026352 E - mail:hongliang0013@163.com

出 版 社:黄河水利出版社
　　　　　地址:河南省郑州市顺河路黄委会综合楼 14 层　　　邮政编码:450003
发行单位:黄河水利出版社
　　　　　发行部电话:0371 - 66026940、66020550、66028024、66022620(传真)
　　　　　E-mail:hhslcbs@126.com
承印单位:虎彩印艺股份有限公司
开本:787 mm×1 092 mm　1/16
印张:8
字数:185 千字　　　　　　　　　　　印数:1—1 000
版次:2017 年 11 月第 1 版　　　　　　印次:2017 年 11 月第 1 次印刷
定价:35.00 元

前 言

水利工程是保障国民经济平稳发展、保障粮食生产的重要基础。近些年,国家对大中型病险水库(水电站)、大中型灌区渠系工程、引调水工程进行了除险加固和大面积混凝土衬砌防护,对水闸、江河防护、农田灌排(含泵站)等工程也进行了维修加固处理,水利工程实体质量和外观都有了一定的改善,但是混凝土结构质量及耐久性存在的问题仍然不容乐观,尤其是北方寒区,仍有较多数量的水工建筑物需要进行防护修补与补强加固。因此,开展水工混凝土防护修补技术研究与试验可以延长新老水工混凝土结构的使用寿命,节约成本,对提升工程的综合性效益具有重要意义。

如何在较低的工程造价基础上选用性能优越的防护修补材料、合理的施工工艺和先进的技术手段来对新建或既有水工混凝土病害缺陷及薄弱部位进行防护修复,以提高水工混凝土的工作性能及延长其运行寿命,保证水工混凝土建筑物安全运行,直接关系到国家的水利建设大计,更关系到国民经济的持续、健康、稳定发展。

本书结合近年来辽宁省开展的水工混凝土防护修补工程实践经验,通过有关材料关键性能试验,筛选出适合北方寒区水工混凝土防护修补材料种类,凝炼出适宜的防护修补施工工艺及关键技术,创新地提出防护修补质量控制与效果监测技术,以及水工混凝土表面预防护理念,对提升水工混凝土耐久性具有重要的指导和实践意义。

本书由汪魁峰、王健、张永先、徐志林、夏海江、邵大明著。参加编写者有:第一章:汪魁峰、王健、汪玉君、曹云龙、张欣、苏炜焕、关凯伦;第二章:张永先、华玉多、周旭、刘柳、杨毅、赵雪石、王惟一、李日芳;第三章:徐志林、黄广玲、丛日凡、马忠华;第四章:夏海江、李崇、汤纪、魏国、徐强、冯国军;第五章:邵大明、郭继东、宫治军、郑向荣、王岩、刘波、董雪、张为然;第六章:王秀红、杨晓男、杨雪;第七章:曾祥军、刘凯坤、关颖红、马玉刚、王育男、孙洪阳、肖德壮、徐成志。汪魁峰、王健、张永先、徐志林、夏海江、邵大明对全书进行通审。

本书在注重实用性的前提下,根据相关规范标准总结寒区水工混凝土防护修补技术领域的相关经验。书中涉及的工程实例丰富,涉及面广,内容翔实,对同类工程的试验检测具有较大的参考价值,本书对长期从事水工混凝土结构设计、施工、检测和试验的工程人员具有实用价值,亦可供长期从事水工结构研究的科研人员、大专院校学生及隧洞工程设计人员阅读参考。

限于作者的知识水平,书中难免有欠妥之处,请广大读者批评指正。

编 者

2017 年 11 月

目　录

第一章 概 述

第一节 水工混凝土病害缺陷现状调查

一、全国现状

为了对我国 20 世纪 80 年代以前兴建的水工混凝土建筑物耐久性有比较全面的认识,水利部曾组织中国水利水电科学研究院、南京水利水电科学研究院、长江水利科学研究院等 9 个单位,对全国 32 座混凝土高坝和 40 余座钢筋混凝土水闸等水工混凝土建筑物进行了耐久性和缺陷调查,并编写了《全国水工混凝土建筑物耐久性及病害缺陷处理调查报告》。根据调查得到如下结论:

(1)所有 32 座大坝均存在不同程度的裂缝,电站厂房钢筋混凝土结构中的裂缝问题很突出,危及安全生产;渗漏问题与裂缝问题同样普遍,32 座大坝均存在渗漏病害,并造成溶蚀破坏;冻融破坏问题主要集中在"三北"地区的 7 座工程中,尤其以东北地区工程的混凝土冻融破坏最为严重;由二氧化碳侵蚀引起混凝土中钢筋锈蚀的工程有 13 座;在西北地区有 10 座工程受硫酸盐侵蚀影响,并对工程安全运行造成潜在威胁。

(2)在调查的 40 余座水闸工程中,混凝土耐久性及缺陷问题比大坝更为突出。其中,混凝土裂缝仍然是主要缺陷,发生裂缝的部位主要是闸底板、闸墩、胸墙及各种大梁,占所调查水闸工程总数的 64.3%;混凝土碳化造成内部钢筋锈蚀的工程占 47.5%;在华东地区冻融破坏占工程总数的 26.0%,而在东北地区工程中均存在冻融破坏现象;渗漏和水质侵蚀缺陷分别占工程总数的 28.3% 和 4.3%。

通过调查可知,我国已建的水利水电混凝土工程中,无论是大型工程还是中小型工程,耐久性不良的情况非常普遍,有的工程缺陷比较严重,直接危及工程安全和正常运行。

二、辽宁省现状

辽宁省水利水电工程质量检测中心曾在 2007～2009 年先后对辽宁省 29 座大中小型水库、88 座大中型水闸以及 38 座中小型泵站共计 155 座工程的混凝土结构进行了系统的现场安全检测。检测结果表明,29 座水库中混凝土溢洪道和输水洞等结构发现裂缝、剥蚀、碳化和钢筋锈蚀缺陷的分别有 25 座、28 座、27 座和 21 座,分别占所检测水库总数的 86%、97%、93% 和 72%;88 座水闸中混凝土闸墩、底板、启闭台梁板柱等结构发现裂缝、剥蚀、碳化和钢筋锈蚀缺陷的分别有 81 座、83 座、85 座和 63 座,分别占所检测水闸总数的 92%、94%、97% 和 72%;38 座泵站中混凝土墩柱等结构发现裂缝、剥蚀、碳化和钢筋锈蚀缺陷的分别有 33 座、32 座、36 座和 32 座,分别占所检测泵站总数的 89%、87%、97% 和 86%。另外,所有混凝土挡水结构的裂缝和伸缩缝处普遍存在渗漏现象。3 类工程混凝土缺陷检测统计情况见表 1-1～表 1-3。

表 1-1　2007 年辽宁省大中小型水库工程混凝土缺陷检测统计情况

序号	水库名称	始建年份	规模	除险加固年份	裂缝	渗漏	剥蚀	碳化	钢筋锈蚀
1	沈阳市法库县曹四家子水库	无	小(1)型		√	√	√	√	√
2	沈阳市法库县拉马章水库	无	中型		√	√	√	√	√
3	沈阳市法库县牛其堡水库	1958	中型		√	√	√	√	√
4	沈阳市法库县七家子水库	1958	小(1)型		√	√	√	√	√
5	沈阳市法库县栖霞堡水库	1958	小(1)型		无	无	√	√	√
6	沈阳市法库县前山水库	无	小(1)型		√	√	√	√	√
7	沈阳市法库县任家窝堡水库	1968	小(1)型		无	无	√	√	√
8	沈阳市法库县尚屯水库	1958	中型		√	√	√	√	√
9	沈阳市法库县石砬子水库	1959	小(1)型		√	√	√	√	√
10	沈阳市康平县黑山水库	1958	小(1)型		√	√	√	√	√
11	沈阳市康平县三家子水库	1958	小(1)型		√	√	√	√	√
12	沈阳市康平县四道号水库	无	中型		√	√	√	√	√
13	沈阳市新城子区帽山水库	1957	小(1)型		√	√	√	√	√
14	鞍山市黑山水库	1958	无		√	√	√	√	√
15	本溪市关门山水库	1988	中型		√	√	√	√	√
16	观音阁水库	无	大(1)型		√	√	√	√	无
17	东港市合隆水库	1948	中型		√	√	√	√	√
18	东港市何家岗水库	1957	中型	1966	√	√	√	√	√
19	东港市十字街水库	1956	中型		√	√	√	√	无
20	抚顺市腰堡水库	1958	中型	1979	无	无	√	无	无
21	抚顺市英守水库	无	中型		无	无	√	无	无
22	海城市上英水库	无	中型		√	√	√	√	√
23	锦州市义县靠山屯水库	1960	中型	1979	√	√	√	√	√
24	锦州市义县老龙口水库	1958	中型	1979	√	√	√	√	√
25	凌源市菩萨庙水库	1970	中型	1998	√	√	无	√	无
26	抚顺市穆家水库	无	中型		√	√	√	√	√
27	盘锦市大洼三角洲平原水库	1998	中型		√	√	√	√	无
28	汤河水库	1958	大(2)型	1983	√	√	√	√	无
29	辽宁省清河水库	1958	大(2)型		√	√	√	√	无

表1-2　2009年辽宁省大中型水闸工程混凝土缺陷检测统计情况

序号	水闸名称	始建年份	规模	除险加固年份	裂缝	渗漏	剥蚀	碳化	钢筋锈蚀
1	辽中县猫耳头水闸	1982	中型		√	√	√	√	√
2	辽中县马家窝棚水闸	1976	中型		√	√	√	√	√
3	新民市赵家套水闸	1986	中型		√	√	√	√	√
4	新民市于坨子拦河闸	1969	中型		无	无	√	√	无
5	沈阳市棋盘山七孔闸	1987	中型		√	√	√	√	√
6	抚顺市葛布橡胶坝	1989	大型		√	√	√	√	√
7	抚顺市城东橡胶坝	2001	大型		√	√	√	√	√
8	抚顺章党黑虎山拦河闸	1998	大型		√	√	√	√	√
9	抚顺市李石拦河闸	2001	大型		√	√	√	√	√
10	清原县前进闸	1981	大型		√	√	√	√	√
11	清原县一号橡胶坝工程	2004	大型		√	√	√	√	无
12	清原县双河闸	1991	大型		无	无	√	√	无
13	清原县二号橡胶坝工程	1991	大型		√	√	√	√	无
14	清原县下寨子拦河闸	1983	大型	2001	√	√	√	√	√
15	清原县三号橡胶坝工程	2000	大型		√	√	√	√	无
16	清原县四号橡胶坝工程	2002	大型		√	√		√	无
17	清原县北三家拦河闸	1996	大型		√	√	√	√	无
18	清原县马家寨拦河闸	1982	大型		√	√	√	√	无
19	清原县湾龙泡闸	1993	大型		√	√	√	√	无
20	清原县泉眼头闸	1990	大型		√	√	√	√	无
21	清原县松树嘴闸	1991	大型		√	√	√	√	无
22	清原县苍石闸	1978	大型		无	无	√	√	无
23	清原县门砍哨闸	1990	大型		√	√	√	√	√
24	清原县靠山屯闸	1995	中型		无	无	无	无	无
25	清原县黑石木闸	2000	中型		√	√	√	√	√
26	清原县一面山闸	1991	中型		√	√	√	√	√
27	清原县红土庙闸	1989	中型		√	√	√	√	√
28	清原县夏家堡闸	1984	中型		无	无	√	√	无
29	抚顺市新宾县板桥子拦河坝	1990	大型		√	√	√	√	无
30	抚顺市新宾县冷口子拦河坝	1991	大型	2006	√	√	√	√	无

续表 1-2

序号	水闸名称	始建年份	规模	除险加固年份	裂缝	渗漏	剥蚀	碳化	钢筋锈蚀
31	抚顺市新宾县甸边子拦河坝	无	大型	2006	√	√	√	√	无
32	抚顺市新宾县滴台拦河坝	1990	大型	1995	√	√	√	√	√
33	抚顺市新宾县兰旗拦河闸	1986	大型	1995	√	√	√	√	√
34	抚顺市新宾县双砬子拦河闸	1975	大型		√	√	√	√	√
35	抚顺市新宾县西湖大坝拦河闸	无	大型		√	√	√	√	√
36	抚顺市新宾县旺汉南江拦河闸	无	大型		√	√	√	√	√
37	抚顺市新宾县皇寺拦河闸	1998	中型		√	√	√	√	√
38	抚顺市新宾县五里拦河闸	1984	中型		√	√	√	√	√
39	抚顺市新宾县和平拦河闸	1993	中型		√	√	√	√	√
40	抚顺市新宾县龙头拦河闸	1976	中型		√	√	√	√	√
41	抚顺市新宾县旧门拦河闸	1975	中型		√	√	√	√	√
42	抚顺市新宾县五付甲拦河闸	2000	中型		√	√	√	√	√
43	东港市土牛河拦河橡胶坝	1976	大型		√	√	无	√	无
44	东港市石佛闸	1973	中型		√	√	√	√	√
45	东港市小洋河抗旱试验闸	1982	中型		√	√	√	√	√
46	东港市小甸子渠首拦河橡胶坝	1986	中型		√	√	√	√	√
47	东港市黄旗闸	1983	中型		√	√	√	√	√
48	凤城市龙凤灌区水力自动翻板闸	1994	大型		√	√	√	√	√
49	喀左县水泉灌区自动翻板水闸	1992	大型		√	√	√	√	√
50	喀左县平房子灌区自动翻板水闸	1975	大型		√	√	√	√	√
51	喀左县南哨灌区自动翻板水闸	1968	大型		√	√	√	√	√
52	喀左县东哨灌区自动翻板水闸	1971	大型		√	√	√	√	√
53	凌源市五道河子拦河闸	1990	大型		√	√	√	√	√
54	凌源市虎头石拦河闸	1993	大型		√	√	√	√	√
55	凌源市十二官拦河闸	1994	大型		√	√	√	√	无
56	凌源市哈巴气拦河闸	1992	大型		√	√	√	√	√
57	凌源市刀尔登拦河闸	1995	大型		√	√	√	√	√
58	凌源市西五官水闸	1994	中型		√	√	√	√	√
59	凌源市东道拦河坝	1993	中型		√	√	无	√	无
60	葫芦岛市连山区液压翻板闸2#	2003	大型		√	√	√	√	无

续表1-2

序号	水闸名称	始建年份	规模	除险加固年份	裂缝	渗漏	剥蚀	碳化	钢筋锈蚀
61	葫芦岛市连山区液压翻板闸1#	2003	大型		√	√	√	√	√
62	彰武县沙力土拦河闸	1988	中型	1999	√	√	√	√	√
63	彰武县三家子拦河闸	1994	中型	1996	√	√	√	√	√
64	彰武县八尺沟拦河闸	1963	中型	1999	√	√	√	√	√
65	彰武县凤凰城拦河闸	1975	中型	1992	√	√	√	√	无
66	彰武县旧屯拦河闸	1988	中型		√	√	√	√	√
67	铁岭县山嘴子自动翻板闸	1977	大型	1997	√	√	√	√	√
68	铁岭市昌图县红英拦河闸	1974	中型		√	√	√	√	√
69	铁岭市昌图县罗家翻板闸	1994	中型		√	√	√	√	√
70	铁岭市昌图县赵家翻板闸	1995	中型		√	√	√	√	√
71	铁岭市昌图县亮中翻板闸	1975	中型	1999	√	√	√	√	√
72	铁岭市昌图县谭家翻板闸	1997	中型		√	√	√	√	√
73	铁岭市昌图县三江口拦河闸	1957	中型	1986	√	√	√	√	√
74	铁岭市昌图县老门翻板闸	1999	中型		√	√	√	√	√
75	开原市清河闸	1974	大型		√	√	√	√	√
76	开原市寇河闸	1968	大型		无	无	无	无	无
77	开原市威远寇河闸	1975	大型		√	√	√	√	无
78	凌海市大凌河渠首引水枢纽工程	1972	大型		√	√	√	√	√
79	营口市虎庄河防潮节制闸	1964	中型		√	√	√	√	√
80	大石桥市牛屯拦河闸	1965	中型		无	无	无	无	无
81	大石桥市青天河排灌闸	1966	中型		√	√	√	√	无
82	大石桥市博洛铺拦河闸	1971	中型		√	√	√	√	√
83	大石桥市虎庄长山排灌闸	1980	中型		√	√	√	√	√
84	大石桥市二道河拦河闸	1978	中型		√	√	√	√	√
85	大石桥市淤泥河拦河闸	1991	中型		√	√	√	√	√
86	大石桥市六股道河拦河闸	1983	中型		√	√	√	√	√
87	大石桥市姚家闸	1961	中型	1978	√	√	√	√	√
88	大石桥市向阳拦河闸	1971	中型		√	√	√	√	√

表 1-3　2009 年辽宁省中小型泵站工程混凝土缺陷检测统计情况

序号	泵站名称	始建年份	规模	除险加固年份	裂缝	渗漏	剥蚀	碳化	钢筋锈蚀
1	海城市北河排水泵站	1976	小(1)型		√	√	√	√	√
2	海城市东小排水泵站	1964	小(1)型		√	√	无	无	无
3	海城市红旗排水泵站	1971	小(1)型		√	√	√	√	√
4	海城市前剪排水站	1960	中型	1976	√	√	√	√	√
5	海城市前坎排水站	1962	中型		√	√	√	√	√
6	海城市高坨排灌站	1979	小(1)型		√	√	√	√	√
7	海城市引太河排水站	1975	小(1)型		无	无	无	无	无
8	海城市于刘付排水泵站	1977	小(1)型		√	√	√	√	√
9	海城市西双排水泵站	1976	小(1)型		√	√	√	√	√
10	海城市新八家排灌站	1969	小(1)型		√	√	√	√	√
11	海城市朱家排水站	1976	中型		√	√	√	√	√
12	台安西平排水站	1977	小(1)型		√	√	√	√	√
13	台安双台子排水泵站	1975	小(1)型		√	√	√	√	√
14	台安四棵树排水泵站	1978	中型		√	√	√	√	√
15	台安茨于排水泵站	1976	小(1)型		√	√	无	√	√
16	台安驸马沟排水泵站	1976	小(1)型		√	√	√	√	√
17	台安马家排水站	1967	小(1)型		√	√	√	√	√
18	台安小于子排水泵站	1975	小(1)型		√	√	√	√	√
19	台安双岔子排水泵站	1977	小(1)型		√	√	√	√	√
20	台安鲍家排水站	—	小(1)型		√	√	√	√	√
21	台安孙家排水站	1972	小(1)型		√	√	√	√	√
22	台安小麦科排灌站	1971	小(1)型		√	√	√	√	√
23	台安李套子排灌泵站	1979	中型		√	√	√	√	√
24	台安偏养子排水泵站	1964	中型		√	√	√	√	无
25	台安湘水排水泵站	1976	中型		√	√	√	√	√
26	台安头台子排水泵站	1966	中型		√	√	√	√	√
27	台安窦家排水泵站	1974	小(1)型		√	√	√	√	√
28	海城市前坎排水站	1962	中型		√	√	√	√	√
29	海城市高坨排灌站	1979	小(1)型		√	√	√	√	√
30	海城市引太河排水站	1975	小(1)型		无	无	无	√	无

续表 1-3

序号	泵站名称	始建年份	规模	除险加固年份	裂缝	渗漏	剥蚀	碳化	钢筋锈蚀
31	大石桥市水源抗旱提灌泵站	1979	中型		无	无	√	√	√
32	大石桥市前进站	1965	小(1)型		无	无	√	√	无
33	大石桥市东风站	1965	小(1)型		√	√	无	√	√
34	老边区花英台提水站	1975	中型		√	√	√	√	√
35	老边区前进灌溉站	1968	小(1)型		√	√	√	√	√
36	老边区新生排灌站	1971	小(1)型		√	√	√	√	无
37	老边区段家排灌站	1976	小(1)型		√	√	√	√	√
38	老边区新生排灌总站	1976	中型		无	无	√	√	√

通过现场检测可知,辽宁省已建水工混凝土结构中,工程缺陷情况更加普遍和严重,工程面临的安全问题更加严峻。

第二节 水工混凝土存在问题分析

在对全国水工混凝土建筑物的调查、检测过程中发现,在各类水工混凝土结构中,尤其是中小型工程,在工程质量、运行管护和工程设计方面均存在各种问题。

一、工程质量方面

(1)混凝土裂缝。严重的贯穿裂缝会导致结构失去整体性,无法达到原设计功能,甚至影响正常使用。其中,农田灌排(含泵站)工程中渠道护坡面板的裂缝,造成水资源浪费严重,渠系水有效利用率降低。水库、水闸工程裂缝导致渗漏和钢筋锈蚀,严重影响工程正常运行。

(2)混凝土渗漏。渗漏会在混凝土结构体内部形成渗水通道,降低工程拦蓄水能力及拦蓄水的浪费。渗水还将不断侵蚀混凝土结构体,造成混凝土结构进一步的破坏。

(3)混凝土剥蚀。表层混凝土粗骨料外露,甚至层状剥落,导致构件有效断面减小,结构承载能力降低。

(4)混凝土碳化。碳化会导致钢筋锈胀、混凝土开裂、构件抗拉能力减弱,同时混凝土变脆,甚至造成混凝土结构破坏。

(5)混凝土冻胀。混凝土结构体内浸润水分后,到冬季待温度降至 0 ℃以下时,水会发生结冻并体积膨胀,导致混凝土结构体发生开裂,逐渐分层脱落,造成混凝土结构破坏。

二、运行管护方面

(1)外观质量仍然存在"傻、大、黑、粗"问题,相对于其他行业,缺少精品和示范工程,尤其是中小型水库(水电站)、中小型农田灌排(含泵站)工程,问题更为突出。

(2)工程运行、管护体制不够健全,缺少适用的、详细的、针对性强的运行维护制度或办法。

(3)大型引调水工程、大型水闸工程的闸墩、底板等大体积混凝土结构施工及运行期间采用监测设备进行应力、应变、温度等监测的工程较少,后期多年运行后混凝土内部质量诊断无法得到参考数据,影响运行管理过程中的维护。

(4)当今河道治理工程逐渐要求向生态化演变。在江河防护工程中所用混凝土也要求向生态混凝土转变,而生态混凝土的耐久性问题制约着生态混凝土的发展,在北方寒区生态混凝土的抗冻性问题尤其突出。

(5)江河防护工程中防洪墙、穿堤水闸、穿堤泵站、穿堤倒虹吸等建筑物的主要缺陷有裂缝、剥蚀、碳化和冻融破坏,特别是沿海地区海水对江河防护工程的混凝土冻融破坏尤其严重,这些缺陷都会造成混凝土的破坏,甚至影响工程的正常使用。

三、工程设计方面

有些水工混凝土抗冻设计中存在缺乏实际依据、随意照搬照抄的情况;还存在"重结构、轻防护"的现状,缺乏对新建工程进行早期防护的意识。而交通、道桥行业在工程新建成后便及时进行关键部位的防护,这方面设计理念要领先水利行业很多。例如,水库(水电站)、水闸等工程多存在坝体、闸墩等部位混凝土结构完好,但排架柱、工作桥(交通)梁小截面主受力构件因碳化等环境外界因素影响致使钢筋锈胀,表层混凝土开裂甚至脱落现象,这种现象在中小型工程中更为常见。

第三节　研究的必要性和主要内容

一、研究的必要性

一个国家的基本建设大体上都可分为三个阶段,即大规模新建阶段、新建与维修并举阶段、重点转向旧建筑维修改造阶段。我国水利枢纽工程的建设同样符合这样的规律。今后,针对我国水利枢纽工程中水工混凝土建筑物的缺陷病害问题,采用适宜的修补材料及合理的修补技术进行维护修补,以改善水工建筑物的使用性能及延长其使用寿命,这将成为我国水利建设发展的基本趋势。同时,对出现缺陷病害的水工混凝土建筑物进行修补、加固等补救措施,不仅可以提高其使用性能、延长其使用寿命以及快速恢复其正常的运行使用,而且可以大大节约投资,避免资本浪费和土地征用。目前,许多经济发达国家逐渐把工程建设重点向旧建筑物的维修、改造和加固方面转移,以取得更大的投资效益。统计资料表明,改建比新建工程可节约投资约40%,缩短工期约50%,收回投资速度比新建快3～4倍。我国的基本国情和可持续发展策略决定了我国的基建投资不可能一味地追求新建项目,水利行业更是如此。我国的水利工程建设必然会转向各类水工建筑物的防护修补和除险加固方面。

因此,有如下几个方面的研究必要性:

（1）通过防护修补技术研究，可以快速恢复缺陷混凝土结构功能，阻止缺陷进一步发展和阻断外界侵蚀，继续发挥其设计功能。

（2）在水工混凝土结构设计中强化"防护"理念，工程建设中注重保温，运行前完成防护，阻断外界侵蚀，可实现工程在健康环境中运行，延长其使用寿命。

（3）通过防护修补质量控制与效果监测技术研究，可保证工程维修质量，实现水工混凝土建筑物使用寿命的科学预测。

（4）更大程度发挥水工混凝土建筑物的社会效益和经济效益。

二、研究的意义

在北方地区，高寒、温差大、干燥、盐碱腐蚀等恶劣气候环境使得水工混凝土结构处于干湿变化、温度变化、冻融循环、盐碱腐蚀、风蚀等多种自然因素的作用下，日积月累，在混凝土结构中极易产生裂缝、渗漏、剥蚀等病害缺陷。这些病害缺陷轻者会影响结构的使用性能，加快钢筋锈蚀，降低结构的耐久性，重者则会危及结构的安全。因此，研究水工混凝土防护修补技术、材料及施工工艺，采取有效防护措施以防止混凝土的环境侵蚀、维护混凝土的使用性能，对提高混凝土结构的耐久性与延长其使用寿命具有重要的现实意义。

三、主要研究内容

（1）在辽宁省155座水工混凝土建筑物病害缺陷检测统计的基础上的，总结出寒区水工混凝土裂缝、渗漏、剥蚀和碳化、钢筋锈蚀四类主要缺陷类型，并分析了各类缺陷的成因和危害。

（2）针对水工混凝土过早发生破坏的情况，为提升混凝土工程的耐久性，首次提出预防护创新性理念及相应的处理措施。通过研究水工混凝土碳化过程数值模拟新方法，首次建立了考虑防护修补材料老化因素的、基于 ANSYS 的水工混凝土碳化防护数值模型，为防护修补材料的碳化防护效果评价提供了理论指导。

（3）在对当前国内常用的防护修补材料归纳总结的基础上，筛选出 1 种界面剂和 5 种表面防护修补材料进行了关键性能试验，并在表面防护材料 7 方面性能对比和内部封堵材料 4 方面性能对比后优选出寒区水工混凝土病害缺陷防护修补材料。

（4）针对寒区水工混凝土病害缺陷特点，在总结防护修补工艺和施工经验的基础上，提出适宜的防护修补工艺。

（5）通过室内外试验与跟踪观测，总结性提出水工混凝土病害缺陷防护修补质量控制与效果监测技术体系。

（6）将试验成果和技术总结在辽宁省内大中型水利工程防护修补中进行推广应用。

第二章　寒区水工混凝土主要病害缺陷分析

　　随着材料科学的不断发展,水利水电工程建筑材料的使用也在不断地更替变化。在中华人民共和国成立之初,水库大坝、江河堤防等水工建筑物多采用土、石为材料。在近半个世纪以来,混凝土成为主要的建筑材料,由于其优异的工程适用性,在水利水电工程建筑结构中得到了广泛的应用。然而,混凝土本身也存在很多缺点,在设计使用不当的情况下,可能导致混凝土建筑结构出现病害或缺陷。混凝土的抗压强度高,但是其抗拉强度却很低,而且混凝土属于脆性材料,在建筑结构出现受拉工况下,很容易因抗力不足而出现裂缝等病害缺陷。混凝土的硬化反应是一个放热过程,在大体积混凝土浇筑施工中必须给予关注,并采取相应的降温措施,否则容易出现混凝土结构开裂的现象。

　　在水利水电工程中,由于水工建筑物所处的自然环境相对较差,受力复杂,在各种荷载作用下易造成结构强度破坏,出现裂缝或渗漏病害。作者在2007～2009年开展的辽宁省29座水库、88座水闸和38座泵站工程混凝土缺陷检测的基础上,结合寒区水工混凝土结构的病害类型特点,进行了分类梳理总结,并从现象上将水工混凝土结构出现病害缺陷的类型归纳为裂缝、渗漏、剥蚀和碳化四种形式。

第一节　裂　缝

一、水工混凝土裂缝的危害

　　硅酸盐水泥的发明是建筑业的一场革命,从此,大型水工建筑工程才得以产生。混凝土因其具有廉价、高强、耐腐蚀、老化缓慢、取材容易、可塑性强等优点而得到了广泛的应用。在水工领域,单体的混凝土用量更是不断刷新。但是,由于水泥一些与生俱来的特性,以及各种辅助材料和施工方法等因素的影响,大体积混凝土的裂缝一直是难以避免的,而且是造成混凝土破坏的主要原因。

　　裂缝是水工混凝土最常见的缺陷之一,据统计,很少有混凝土建筑物是没有裂缝的。裂缝的存在,轻则影响建筑物的美观和寿命,重则破坏建筑物的完整性,影响建筑物的安全运行,造成渗水、漏水、降低建筑物的稳定安全系数等。因此,必须对水工混凝土的裂缝予以足够重视。虽然多数裂缝为危害性较小的表面裂缝,但也存在着危害性很大的深层裂缝或贯穿裂缝,而且因裂缝所在的部位和外界环境不同,有一部分原为危害较小的裂缝,会延伸扩大发展为严重的深层裂缝或贯穿裂缝。因此,必须认真对待每一条已被发现的裂缝,分析产生裂缝的原因,选好处理方案,控制和减少裂缝的危害。

　　选择处理方案时,要通过调查获得必要的资料,再根据裂缝所在的部位、发生的原理等,精确地计算和分析研究,确定采用正确的处理方案,不能盲目采用简单的方法,以免造成费工、费事和浪费资金。

　　混凝土裂缝的宽度、长度和深度是相关联的，一般宽度较宽的裂缝，深度也深，长度也长，对建筑物危害性也大，对待这种裂缝必须认真处理。一般的处理以防渗为主，重要受力部位则采取预应力锚固等措施来补强。实践和检查结果表明，宽度在 0.2 mm 以下的裂缝，不至于造成渗漏，也不会导致内部钢筋的锈蚀，一般不处理或只做表面处理即可。但在高流速区的迎水面，由于裂缝破坏了建筑物表面的完整性，在水流和裹挟的泥沙不断冲击磨损作用下，裂缝区会首先发生脱落和剥离现象，从而使空蚀程度逐渐加剧，最终危害整个建筑物的安全。因此，凡裂缝都要处理。

　　对不同性状的裂缝，处理的方法、时段和材料也应有所不同。一般对稳定的死缝，宜选用刚性材料；对随季节和荷载周期性变化的活缝，则使用弹性材料。对发展缓慢的不稳定裂缝，首先应消除引起延伸变形的因素，然后做处理。处理过的裂缝重新被拉开、漏水，在老裂缝旁拉开新缝，一般是选材不当所引起的，应慎重研究其原因后再处理。

　　根据不同的要求，对处理裂缝用的材料也各异。以恢复结构整体性为目的，应用具有较高强度和黏结力的材料，如环氧、甲凝等为佳；以阻水防渗为目的，则应用丙凝、弹性聚氨酯、水溶性聚氨酯或水玻璃类材料。

　　裂缝处理最广泛采用的方法是化学灌浆，过去大都选在气温最低的时段、裂缝张开度最大时进行，造成工期紧、处理质量不佳。近年来实践证明，这一时段并不理想，而是在裂缝张开度中等偏大时，灌浆效果最好，这样在施工时段上宽绰得多，也有利于提高施工质量。

　　在裂缝处理上，有人认为对裂缝进行灌浆总比不灌好，其实对众多处于非重要部位、宽度在 0.2 mm 以下的裂缝，强行打孔灌浆，不仅把原混凝土打了许多孔洞，浆液灌不进去，于事无补，而且有时还打断了结构钢筋，结果适得其反，这种教训值得吸取。

　　裂缝不仅影响工程的正常运行，而且造成的经济损失也非常明显。以我国湖南省柘溪水电站为例，该工程由于在施工过程中使用的水泥强度等级低、品种多，又采用了埋块石、掺烧黏土，最大水灰比达 0.90，冬季施工无适当措施，这些因素导致混凝土质量差，在大坝表面、廊道空腔等处产生许多裂缝，共发现裂缝 426 条，其中贯通裂缝 4 条、深层裂缝11 条，不但渗水漏浆，而且射流，问题十分严重，裂缝最大宽度为 2.5 mm，漏水量最大为48 L/s。为了确保大坝的安全，电厂除重新对已有裂缝进行修补处理外，还对廊道空腔进行了混凝土回填，共浇筑 10 万 m³ 混凝土，总共修复费用达 3 025.18 万元。

二、裂缝的主要成因

　　水工混凝土体积庞大，受自身和周围介质的影响，在温度、湿度变化和周边、基础约束的作用下，会产生很大的约束应力，容易产生裂缝。但是引起裂缝的原因是非常复杂的，客观诱发因素很多，尽管多年来世界各国都很重视对裂缝成因的研究，已经掌握了裂缝发生的一些规律，但至今还没有完全摸透。一般来说，裂缝成因主要有以下几方面。

（一）混凝土热学性能、力学性能的影响

　　混凝土的热学性能包括导热系数、导温系数、比热、热膨胀系数、绝热温升等。其中，导热系数、导温系数、比热变化不大，对温度应力影响较小，对裂缝的产生也影响不大。对裂缝的产生影响较大的是绝热温升。热膨胀系数直接关系到温度收缩应力，它与骨料的

岩性关系很密切,具体见表2-1。

表2-1　不同岩石品种骨料的热膨胀系数　　　　（单位:×10⁻⁵/℃）

岩石品种	石英岩	砂岩	花岗岩	白云岩	石灰岩
热膨胀系数	1.20	1.17	0.80~0.95	0.95	0.60~0.70

石灰岩的热膨胀系数最小,石英岩的热膨胀系数最大,在相同的温差作用下,两者温度应力可相差1倍。绝热温升主要取决于水泥品种和混凝土配合比,是采用低热水泥还是普通水泥、混凝土中水泥用量是多还是少,对温度应力和裂缝产生的概率大不一样。

混凝土的力学性能,包括抗压强度、抗拉强度、弹性模量、极限拉伸值、徐变度、自身体积变形等。抗拉强度、抗压强度、弹性模量、极限拉伸值对裂缝的产生影响已为业内人士共识,自身体积变形对裂缝的影响也越来越受到重视。自身体积变形值主要取决于水泥中的矿物成分,水泥品种不同,自身体积变形值有正有负。自身体积变形值为正表示体积膨胀,有利于防止产生裂缝;自身体积变形值为负表示体积收缩,会给大体积混凝土裂缝带来不利影响。如乌江渡水电站大坝混凝土,试验表明,早期有微小膨胀,但后期却均为收缩,计算出8-1坝块因自身体积变形产生的最大拉应力为0.67 MPa,相当于降温6~8℃产生的拉应力。由于乌江渡采用的是石灰岩骨料,热膨胀系数只有(0.47~0.49)×10⁻⁵/℃,所以虽然基础温差为19.4 ℃,但应力并不太大,并没有产生贯穿裂缝。

（二）环境的影响

虽然混凝土本身质量较好,均匀性也好,但如果置于恶劣的环境中,也可能产生裂缝。例如混凝土在早龄期遇到寒潮袭击而又无保护措施时,就会产生一批裂缝。丹江口、葛洲坝等水电工程都有过深刻的教训。当然,环境的影响要通过混凝土的内因起作用,当两者产生的不利影响相互叠加时,混凝土便容易出现裂缝。丹江口的检查资料表明,混凝土在7 d龄期以前,虽遇寒潮也很少产生裂缝,绝大多数裂缝产生在7~40 d。这是因为根据仿真分析,浇筑块层面上的温度徐变应力在龄期3~5 d以前,基本上是压应力或很小的拉应力,此后才逐渐转变为拉应力,持续30~50 d后又逐渐转变为压应力。当混凝土遇寒潮冲击,表面大幅降温产生较大的拉应力时,正好碰上层面为拉应力的时期,就很有可能形成裂缝。

环境的影响是多方面的,除寒潮外,早龄期受洪水浸仓、干缩等也常是造成裂缝的原因。因而,不仅寒冷地区应该高度重视,就是温和地区甚至亚热带地区也不能掉以轻心。

（三）结构形式与分缝分块的影响

结构形式不当、体积复杂、孔洞较多会使结构出现较多的应力集中区,无疑会为裂缝的产生提供机会。我国建造的许多宽缝重力坝、大头坝,由于坝面复杂多变、暴露面多,都查出了大量的裂缝,而暴露面少的坝型,如实体重力坝、拱坝等,实践表明能减小裂缝发生的概率。

分缝、分块不合理,也容易导致裂缝的产生。丹江口9~11坝段的基础处理楔形梁,底部长35 m,顶部长53 m,宽12 m,厚10 m,在入仓温度20~24 ℃、最高温度35~38 ℃的情况下,经两次寒潮产生了多道裂缝,其中中间一条裂缝贯穿到基础。分析认为,楔形梁较长、厚度较薄、温控不力是产生裂缝最主要的原因。

（四）基岩约束的影响

一般基岩弹性模量为 $(1\sim3)\times10^4$ MPa，虽不是完全刚体，但对浇筑块也有相当的约束。基岩约束的存在，形成大面积拉应力区，常常使许多表面裂缝发展成贯穿裂缝。同时，可能在混凝土内部造成基础贯穿裂缝，如丹江口18坝段就是这样。

虽然水工设计中规定了基础温差，但如果低估了基岩约束的严重性，也难保不产生裂缝。如柘溪大头坝2坝段，据观测在无温度骤降、内部降温仅6.5 ℃时就产生了裂缝（裂缝长11.5 m、宽0.25~0.85 mm），分析其主要原因是基岩不平整，又未在基岩突变处分缝，温差虽小但应力集中较大，混凝土温度变形极不均匀。

除基岩约束外，老混凝土的约束也是造成裂缝不容忽视的主要原因，从造成裂缝成因来看，老混凝土约束与基岩约束有类似的作用。

（五）施工工艺的影响

施工工艺低下是大体积混凝土产生裂缝的最主要原因之一，往往有些工程混凝土的原材料品质不错，但在拌和、运输、平仓振捣、养护和表面保护等环节上，未能重视和严格控制，造成混凝土质量差、强度不均匀、暴露时间长，降低了混凝土的抗裂能力。混凝土强度均匀性差，在相同温差作用下裂缝产生的概率增大，这足以说明施工质量对裂缝的产生起着极重要的作用。

对大体积混凝土来说，施工中采取有效的温控措施是防止和减少裂缝的有力保障。然而，由于各种原因，有的工程施工中温控措施得不到保证，有时甚至被迫取消部分温控设施，从而给裂缝的产生以可乘之机。这样的事例在我国20世纪50~70年代建造的水电工程中还是不少的，其教训也是相当深刻的。

（六）工程运行的影响

工程运行不当也会产生裂缝，不过大部分运行以后产生的裂缝与设计、施工密切相关。丹江口大坝运行后经过1987年两次抽查，发现裂缝1 152条；其中90%以上是运行后新出现的，危害性较大的裂缝有171条。据调查分析，混凝土本身施工质量较差是主要原因。

运行条件恶劣造成裂缝的情况也是有的，如柘溪大头坝的劈头裂缝，施工时是较浅的小裂缝并进行了处理，但投入运行后，在周期性温度变化的作用下，加上渗透形成的拉应力，使修补过的裂缝张开，并在水压力的劈裂作用下迅速扩大，发展成危害性极大的劈头裂缝。可见，裂缝与运行条件有关，也与施工质量和设计方案有关，是应该引起重视的。

三、裂缝的预防

（一）设计方面

（1）结构块体分层、分缝应合理，有些结构块体明显存在裂缝"常发区"，应作为分缝"应设区"。结构块体长宽比必须严格控制，应尽量不超过2:1，长宽比越大，混凝土越容易开裂。

（2）混凝土强度等级宜多采用低强度等级（C20以下），少采用高强度等级，以减少水化热，不得已时可采用低热水泥。混凝土强度等级设计应根据工地制冷条件综合考虑，尽量避免同一仓内使用两种以上不同强度等级的混凝土，特别注意强度等级级差不宜过大。

（3）避免或少设孔洞，特别是两端畅通的直洞。非设孔洞不可时，优先考虑设小洞，或一端敞开的孔洞。孔洞不能设在建筑物表面，而要靠近中心，孔洞的形状以圆形、马蹄形为佳，设方洞或矩形洞时，应将四角的直角和锐角改为斜角和圆角。

（4）因结构需要，有些部位须设门槽。当门槽结构扭曲突变时，混凝土块体收缩形成两个或数个核心，在混凝土质量相对较差处，收缩产生的拉应力可将混凝土从表面撕开成裂缝。

（5）结构需要分缝或并缝的块体的邻块和上下块，应合理布置钢筋，限制相邻块体混凝土受缝面拉力而拉开，如分仓和并缝钢筋。

（6）纠正设计中的矛盾思想，有的既在分块缝面设置止水，允许其伸缩，又埋设了大量骑缝钢筋，制止裂缝张开，结果使混凝土毫无规律地拉裂，这种例子在葛洲坝工程机组蜗壳顶板中普遍存在。

（7）地质钻探成果要准确。若建筑物必须跨在两种或数种不同弹性模量的基岩上，则应有可靠的措施，防止因不均匀沉陷而产生裂缝。

（8）应慎重选择骨料和水泥品种，对骨料料源进行认真勘探，尽可能杜绝采用碱性骨料。优先采用石灰岩等热膨胀系数小的骨料。

（二）施工方面

（1）基岩处理必须慎重细致，对突变、棱角、暗缝、软弱夹层等要处理干净，不能留下隐患。遇到破碎带等要按规定挖除。

（2）混凝土拌和过程必须严格控制。不允许错标混凝土入仓。供料及时，不致造成仓内混凝土间歇时间超过相关规范规定。如仓内混凝土已经初凝，应处理好上下交接层面和两种不同强度等级混凝土接合面。

（3）应防止混凝土下料过厚和混凝土离析骨料堆集，并加强平仓、振捣等操作，保证混凝土的均匀性。

（4）加强混凝土的养护、凿毛和仓面冲洗工作，保证新老混凝土紧密结合。养护应及时全面，时间足够。凿毛不宜过早或过迟，毛面要适度。仓面冲洗必须按相关规范执行。

（5）做好混凝土表面和棱角的保温工作，特别是在气温骤降时尤为重要。对建筑物的孔洞，尤其是两端开敞的直洞，必须严加封闭。

（6）严格控制仓位浇筑的工期，加强调度工作，防止仓面长期间歇造成对新混凝土的强烈约束。但必须防止下层混凝土还未出现或刚出现最高温升，就将新混凝土覆盖上去，造成混凝土内积温过高，无法散热，加大温差应力。

（7）注意浇筑过程中混凝土施工缝的布设，要避免层厚过薄。遇到键槽、廊道和斜面模板，混凝土收仓面应与模板面呈90°角。

（8）埋有冷却水管的大体积混凝土，冷却工序必须按规定进行，要按时调换进出水管口，达到能较快而均匀地冷却的目的。

（9）水工混凝土中应适量掺用外加剂，以减少混凝土中水泥用量，既降低混凝土水化热，又降低成本。

四、裂缝的分类与危害性评估

(一)裂缝的分类

1.按裂缝的安全危害性分类

有些专家提出应按照水工建筑物的重要性、规模,结合国家有关设计规范制定的强度和安全系数,根据裂缝对结构安全危害性的影响来对裂缝进行分类。

(1)危害性裂缝。它使结构的强度和稳定安全系数等降低到临界值或临界值以下。

(2)重要裂缝。它使建筑物强度和稳定安全系数有所降低。

(3)一般裂缝。它对建筑物强度和稳定安全系数降低甚微。

有的专家提出应考虑裂缝对建筑物使用功能的影响,例如大坝裂缝是否影响水库蓄水,闸墩裂缝是否妨碍闸门开启等,并以此对裂缝进行分类。

(1)危害性裂缝。它使建筑物主要功能不能正常发挥,甚至导致严重的经济损失或灾害等。

(2)一般裂缝。它是对运行功能危害甚微的常见裂缝。

2.按裂缝对建筑物耐久性影响分类

有些裂缝尽管对建筑物结构和运行功能影响不大,但从长远看,对建筑物寿命(耐久性)仍具有一定影响,如有些裂缝引起钢筋锈蚀和渗水溶蚀等。依此可将裂缝分为两类。

(1)对建筑物有实质性危害的裂缝,即降低结构耐久性的裂缝。

(2)对建筑物无实质性危害的裂缝,如结构表面的龟裂及众多表面裂缝。这些裂缝可随结构温度趋于稳定而闭合或仅对结构美观有所影响但不降低建筑物耐久性。

虽然裂缝分类方法有许多种,但我国水利系统普遍采用的还是按表面浅层裂缝、深层裂缝、贯穿裂缝进行分类。至于按照对结构安全危害性、对运行功能危害性及对大坝耐久性危害进行分类的三种方法,由于只提出了原则性的定性意见,没有定量概念,因此在施工和运行的实施中应用极少。

(二)裂缝危害性评估

考虑裂缝是否要处理及采取何种处理方案,必须对其危害性进行评估。

裂缝危害性评估内容:

(1)分析裂缝产生原因和稳定性,求出在不利的设计荷载组合下裂缝的发展过程和最终形状,应用断裂力学是最有效的方法。

(2)分析在最终裂缝形状和深度下的应力状态,求出建筑物的安全系数,与设计规范进行比较,评价裂缝对建筑物的危害程度。

(3)分析建筑物运行功能,评定裂缝对建筑物运行性能的影响。

根据上述分析成果确定大坝裂缝是否需要补强处理,进而选出补强处理方案。

五、裂缝的允许宽度

裂缝是否有害,常由裂缝宽度、裂缝性质、保护层厚度以及所处环境和所采用的标准而定。

一般肉眼可见的裂缝范围为 0.05~0.02 mm。本书所讨论的裂缝是宏观裂缝,裂缝宽度≥0.05 mm。裂缝宽度<0.05 mm 的,属于无害裂缝,对防水、防腐蚀和承重的影响均可以忽略不计。

下面介绍国内外对混凝土裂缝宽度的规定。

(一)国内的有关标准

(1)《混凝土坝养护修理规程》(SL 230—2015)中,对钢筋混凝土结构需要修补的裂缝宽度做了规定,如表 2-2 所示。

表 2-2　钢筋混凝土结构需要修补的裂缝宽度　　　　　　　　　　　(单位:mm)

环境条件类别	按耐久性要求		按防水要求
	短期荷载组合	长期荷载组合	
一	>0.40	>0.35	>0.10
二	>0.30	>0.25	>0.10
三	>0.25	>0.20	>0.10
四	>0.15	>0.10	>0.05

注:1.环境条件类别:一类:室内正常环境;二类:露天环境,长期处于地下或水下环境;三类:水位变动区,或有侵蚀性地下水的地下环境;四类:海水浪溅区及盐雾作用区,潮湿并有严重侵蚀性介质作用的环境。

　　2.大气区与浪溅区的分界线为设计最高水位加 1.5 m,浪溅区与水位变动区的分界线为设计最高水位减 1.0 m,水位变动区与水下区的分界线为设计最低水位减 1.0 m,盐雾作用区为离海岸线 500 m 范围内的地区。

(2)我国海港工程混凝土结构防腐蚀技术规范对最大裂缝宽度规定如表 2-3 所示。对大气区和浪溅区最大裂缝宽度≤0.2 mm,比水下区和水位变动区的要求都严格。

表 2-3　混凝土结构最大裂缝宽度

构件类别	钢筋种类	大气区	浪溅区	水位变动区	水下区
预应力混凝土	冷拉Ⅱ、Ⅲ、Ⅳ级	$\alpha_{ct}=0.5$	$\alpha_{ct}=0.3$	$\alpha_{ct}=0.5$	$\alpha_{ct}=1.0$
	碳素钢丝、钢绞线、热处理钢筋、LL650 级或 LL800 级冷轧带肋	$\alpha_{ct}=0.3$	不许出现拉应力	$\alpha_{ct}=0.3$	$\alpha_{ct}=0.5$
钢筋混凝土	Ⅰ、Ⅱ、Ⅲ级钢筋和 LL550 级冷轧带肋	0.2 mm	0.2 mm	0.25 mm	0.3 mm

注:α_{ct}为混凝土拉应力约束系数。

(二)国外的有关标准

(1)美国 ACI224 委员会对裂缝宽度的限制,从耐久性方面考虑,允许的最大裂缝宽度如表 2-4 所示。

表2-4　由耐久性决定允许的最大裂缝宽度

条件	允许裂缝宽度（mm）
在干燥的空气中或有保护涂层时	0.40
湿空气或土中	0.30
与防冻剂接触时	0.175
受海水潮风干湿交替作用时	0.15
防水结构建筑物	0.10

美国 ACI318—95 中所允许的裂缝宽:室外构件为 0.33 mm,室内构件为 0.41 mm。

（2）欧洲混凝土委员会根据混凝土结构耐久性要求、结构所处条件及荷载作用的情况,对允许最大裂缝宽度做出了规定,如表2-5 所示。

表2-5　允许最大裂缝宽度（CEB. FIP）（由耐久性决定）

环境条件	允许最大裂缝宽度（mm）	
	永久荷载和长期作用的变化荷载	永久荷载和变化荷载不利组合
受严重腐蚀作用构件	0.1	0.2
无保护措施的普通构件	0.2	0.3
有保护措施的普通构件	0.3	从美观上检验

（3）日本土木工程学会的有关规定。根据调查与检测的结果,对混凝土结构的裂缝是否需要修补,参考表2-6 的要求做出决定。

表2-6　混凝土裂缝的限值

区分	其他因素影响程度	环境			
		按耐久性考虑			按防水性考虑
		苛刻的	中等的	宽松的	—
（A）需要修补的裂缝宽度（mm）	大	>0.4	>0.4	>0.6	>0.2
	中	>0.4	>0.6	>0.8	>0.2
	小	>0.6	>0.8	>1.0	>0.2
（B）无须修补的裂缝宽度（mm）	大	<1.0	<0.2	<0.2	<0.05
	中	<1.0	<0.2	<0.3	<0.05
	小	<0.20	<0.3	<0.3	<0.05

注:1. 其他因素影响程度是指对混凝土结构耐久性及防水有害影响的程度。应按裂缝深度、形式、保护层厚度、混凝土表面有无涂层、原材料、配合比及施工缝等综合判断。

　　2. 主要应着重于钢筋锈蚀环境。

（4）日本土木学会与建筑学会允许的裂缝宽度见表2-7。日本土木学会标准中把允许裂缝宽度与保护层厚度结合在一起考虑,这就能更好地反映裂缝对结构产生危害的关系。

表 2-7　允许裂缝宽度

基准	环境条件	允许裂缝宽度（mm）
《土木学会混凝土标准说明书》（2002）	一般环境	异形钢筋，普通圆钢：005c（PC 钢材：0.004c）
	腐蚀环境	0.004c
	特别严重腐蚀环境	0.003 5c
《建筑学会混凝土结构开裂与对策（设计、施工）指南与解说》（2002）	一般环境	0.3

注：c 为保护层厚度（mm）。

（5）新西兰标准中对允许裂缝宽度的规定见表 2-8。

表 2-8　允许裂缝宽度

基准名称	环境条件	允许裂缝宽度（mm）
新西兰标准	与土壤接触构件，有防潮保护情况下	RC 构件：0.4 PC 构件：0.3
	室外空气中	RC 构件：0.3 PC 构件：0.2
	飞雾、受潮气作用、腐蚀性强的土中	RC 构件：0.2 PC 构件：0.1

（6）各国所提出的由耐久性决定的允许裂缝宽度的标准。日本、法国、美国、苏联及欧洲共同体等提出的，由耐久性决定的允许裂缝宽度如表 2-9 所示。

表 2-9　由耐久性决定的允许裂缝宽度

国名（或区域）	提案部门	允许裂缝宽度（mm）	
日本	运输省	港湾构筑物 0.20	
	日本工业标准	离心成型钢筋混凝土电杆	受设计荷载、设计弯矩作用时 0.25
			超过设计荷载及设计弯矩作用时 0.05
法国	Brocard	0.40	
美国	ACI 建筑规范	室内构件 0.38，室外构件 0.25	
苏联	钢筋混凝土规范	0.20	
欧洲共同体	欧洲混凝土委员会	受严重腐蚀作用的结构 0.10 无保护措施的普通结构 0.20 有保护措施的普通结构 0.30	

由上述可见,各个国家在一些规程中,对混凝土结构允许的裂缝宽度量值上是有差别的。这主要与混凝土所处的环境条件、混凝土材料的质量及施工质量所达到的水平等方面有关,还与混凝土结构表面涂层的质量有关。

（三）葛洲坝工程的裂缝处理标准

根据葛洲坝工程多年施工的经验,并非所有裂缝都要进行处理,通常采用如下一些标准来控制裂缝补强:

（1）大体积混凝土和钢筋混凝土的缝宽 >0.4 mm 的裂缝必须处理;缝宽 <0.4 mm 的裂缝除抗冲耐磨区外,一般不处理;缝宽在 0.2～0.4 mm 的裂缝则视所在部位而定,通常进行浅层化学灌浆和裂缝表面保护。

（2）大体积混凝土裂缝缝宽大于 0.2 mm,但无缝深资料者视为深层裂缝处理。

（3）钢筋混凝土裂缝缝宽大于 0.2 mm,视为超过设计允许开度,影响钢筋耐久性,应做处理。

（4）位于高抗冲耐磨要求部位的裂缝,其缝口均应采取相应的保护措施。

上述标准中的（2）、（3）基本上是沿用苏联钢筋混凝土规范中关于缝宽大于 0.2 mm 就必须进行化学灌浆处理的规定,并不一定符合实际情况。有人提出不能笼统套用 0.2 mm 的标准,以免造成资金的浪费,应该将混凝土结构划分为几个区,分别规定不同的修补标准。例如对直接挡水坝块的裂缝,宜按防渗要求,从严掌握;对位于水位线以上的大体积混凝土结构,采用 0.4 mm 作为标准;对位于水位线以上的钢筋混凝土结构,考虑到裂缝对钢筋锈蚀的影响,可以采用 0.3 mm 作为标准。

六、补强处理时段的确定

所说的裂缝处理时段有两种含义,即裂缝性质确定的处理时段和季节（气温）时段。

（一）由裂缝性质确定的处理时段

由裂缝性质确定的处理时段主要指:已经稳定不再发展的死缝可以随时处理,对尚未稳定的缝,应等其稳定后再进行处理或采用特殊方法（如灌注弹性材料等）处理,否则可能将重新拉裂。

（二）季节（气温）时段的选择

季节（气温）时段一般宜选在裂缝宽度中等偏大时处理,以避免裂缝开度最大时灌浆,而当裂缝变小时浆材对裂缝尖端将产生劈裂作用,恶化裂缝原有的形状和性质。为此,裂缝灌浆时间宜选在 3 月、4 月和 11 月。

第二节　渗　漏

一、水工混凝土渗漏的危害

混凝土建筑物渗漏是一种常见的问题。混凝土建筑物自身的渗漏,会使建筑物内部产生较大的渗透压力和浮托力,甚至危及建筑物的稳定及安全,对建筑物造成极大的损害。渗漏水在混凝土内部与外部之间的迁移流动会引发溶蚀、侵蚀、冻融、钢筋锈蚀、地基冻胀等病害俱发,加速混凝土结构老化,缩短建筑物使用寿命。涵管、渡槽、隧洞、倒虹吸等输水建筑物的渗漏,会使水利经济效益受到损失。特别是现阶段水资源越来越紧张,长距离调水代价比较高,输水建筑物的渗漏不仅造成水资源的极大浪费,而且渗漏水会对周围的设施造成重大影响。严重时甚至影响建筑物本身的稳定和安全运行。对于各种水电站、水厂或提灌泵房,渗漏水会威胁人和机电设备的安全,成为生产隐患。

水工混凝土建筑物的渗漏成因多种多样。对于不同的建筑物,渗漏也各有特点,其危害的严重程度不一。针对具体工程实际情况在设计及施工过程中采取措施尽量避免水工建筑物的渗漏,如出现渗漏应通过调查、检测进行成因分析、修补处理判断,并结合工程各自特点,选择合适的修补材料、修补方法。

渗漏对水工混凝土建筑物的危害性很大。其一是渗漏会使混凝土产生溶蚀破坏。所谓溶蚀,即渗透水对混凝土产生溶出性侵蚀。渗漏会将混凝土中的氢氧化钙溶出冲走,在混凝土外部形成白色碳酸钙结晶。这样就破坏了水泥其他水化产物稳定存在的平衡条件,从而引起水化产物的分解,导致混凝土性能的下降。其二是渗漏会引起并加速其他病害的发生和发展。当环境水对混凝土有侵蚀作用时,由于渗漏会促使环境水侵蚀向混凝土内部发展,从而增加破坏的深度与广度;在寒冷地区,渗漏会使混凝土的含水量增大,促进混凝土的冻融破坏;对水工钢筋混凝土结构物,渗漏还会加速钢筋锈蚀等。

以吉林省丰满水电站为例,该水电站大坝在建设工程中,由于多种原因造成混凝土质量差,自蓄水后就发生较大渗漏。中华人民共和国成立初期,经测量坝体渗漏水量达273 L/s,下游面多处射水,渗水射水面积达24 947 m^2,是国内渗漏面最大、渗漏量最多的一个大坝。由于大坝渗漏、溶蚀情况过于严重,因此该电厂自中华人民共和国成立起就对大坝进行多次灌浆加固处理,总钻孔数达2 996个,总钻孔长度达48 434 m,总水泥用量达3 297.33 t,耗费资金9千余万元。通过多年的灌浆加固,坝体渗漏量逐年下降,但由于混凝土中的钙离子大量流失,已经使大坝混凝土遭到了明显的溶蚀破坏,留下了很大的安全隐患。

二、渗漏的主要成因

渗漏成因分析即在综合分析上述调查资料的基础上,推断出控制渗漏发生、发展的主要原因。对于某些复杂的情形,尚需由经验丰富的专家根据调查资料和结构试验或室内计算结果进行分析判断。成因分析的正确性是经济有效修补处理渗漏的前提和基础。

实际上,分析渗漏成因就是分析混凝土结构物中存在的贯通缺损的成因。贯通缺损包括蜂窝孔洞、变形缝止水结构失效和裂缝。混凝土疏松、不密实、有蜂窝孔洞归因于施工质量差,而变形缝和裂缝的渗漏则有着比较隐含、复杂的原因。

(一)变形缝渗漏成因分析

变形缝是伸缩缝、沉降缝和抗震缝的总称。建筑物在使用期间,受外界因素作用常常产生各种各样的变形,这些变形会在建筑物中引起有害应力,致使结构开裂破坏。设置变形缝就是为了控制发生在建筑物中的有害应力,即降低由于结构的膨胀收缩、不均匀沉陷、振动等引起的应力。

1. 变形缝的性能

水工混凝土建筑物的变形缝具有如下性能：

(1)能吸收建筑物各部分之间的变形、变位,消除相互间力的传递。

(2)变形缝止水结构水密性能优良,在设计水头压力作用下,不发生渗漏。

(3)止水材料耐久性好。视所处环境不同,分别要求止水材料耐介质侵蚀劣化、耐反复伸缩剪切变形疲劳老化等。

2. 变形缝止水结构失效原因

变形缝止水结构失效主要有设计、施工、止水材料三方面的原因：

(1)设计方面的原因。变形缝尺寸(包括宽度、厚度等)设计不合理,密封材料选择不当,其长期允许伸缩率(剪切错位率)不能满足变形缝变形要求等。

(2)施工方面的原因。施工时止水带固定方式不当,加固不到位致使最终位置偏离;止水带周围混凝土振捣不到位有蜂窝孔洞;止水带连接不严密;密封材料嵌填黏结质量差与混凝土面脱离等。

(3)止水材料方面的原因。止水材料耐久性差,年久老化腐烂失效,或失去原来弹塑性而开裂或被挤出,致使止水带失效,丧失应有的功能。

(二)渗漏裂缝成因分析

分析渗漏裂缝成因可按照步骤从结构设计、混凝土材料、混凝土施工、构筑物运行管理及环境条件、外载作用等方面着手进行,并应注意剔除不能足以引发混凝土结构产生贯穿性裂缝的因素。

另外,裂缝的成因决定着裂缝的特征,但在很多情形下裂缝成因可能要归结于两种以上因素的联合作用。

三、渗漏的调查

为分析出渗漏产生的原因,渗漏调查必不可少,它是处理渗漏之前所必须进行的一项工作。调查内容包括渗漏状况和混凝土结构物状况。通过收集渗漏条件、渗漏水量、渗漏速度和混凝土结构缺陷的老化等详细的资料,从设计、施工、材料和运行管理等方面进行分析和决策,为提出科学合理、有效、经济的处理方案提供依据,是渗漏调查的目的。

(一)渗漏状况调查

对渗漏状况进行调查主要是为防水堵漏设计和施工提供依据。渗漏状况调查包括以下内容。

1. 渗漏的规模及其在混凝土结构物中的空间分布

(1)检查结构物表面的渗漏点、渗漏裂缝和渗漏面,并进行相应编号。

(2)确定渗漏位置,测量尺寸。测量每条渗漏裂缝的长度、宽度和倾角。根据测量结果得出渗漏分布图。

2. 调查渗流水源和渗漏途径

调查中需尽可能多地了解渗流水源和渗漏途径。混凝土结构表面的渗水点和渗水裂缝在内部可能相互贯通或有一个共同的来源的渗水,水总是沿渗流阻力最小的路径进行传输。找出渗流水源,尽可能靠近堵水是密封的最基本原则之一。通过射水试验或钻孔压气压水、超声波方法或其他探测手段可以检测渗水出口之间的相互连通性和裂缝在混凝土内部的走向。单频脉冲面波散射法可检测裂缝深度达 10 m,不受缝中有水、跨缝钢筋及充填物的影响。

　　3.测量渗漏水量等参数

　　测定裂缝或蜂窝孔洞的渗漏水量、渗水压力和渗水流速。观测渗漏水量和水位、外界气温(或季节)变化的关系。收集水质资料,从离子、矿化度及 pH 值等判断渗水有无侵蚀性。这些观测资料将有助于选择合适的堵漏方法、时机和材料。

　　(二)结构物状况调查

　　结构物状况调查是指对结构物的渗漏发生部位缺损及其附近,乃至整个结构物(或建筑物)进行调查,收集有关资料,以分析混凝土结构物渗漏部位缺损成因。下面以成因隐含、复杂的渗漏裂缝调查为例说明调查的具体内容。

　　应该注意的是,渗漏裂缝均是贯穿混凝土结构物的裂缝。调查分初步调查和详细调查两种。详细调查只有在进行初步调查后尚不能判断渗漏裂缝开裂原因或难以区别开裂原因的主次层次,还需要更全面的资料时才具必要性。

　　详细调查是基于成因分析和推断专门针对混凝土裂缝的最可能成因而进行的深入调查。详细调查的主要内容有:

　　(1)按设计图核对截面尺寸。

　　(2)混凝土质量调查:强度、成分分析,碳化深度、氯离子含量、空隙率等。

　　(3)钢筋劣化度调查。

　　(4)荷载条件实际调查,包括温度、湿度变化引起的应力。

　　(5)地基调查(沉陷、侧向位移)。

　　(6)裂缝的详细调查:裂缝形式、伸展路径、宽度变化、深度走向等。在详细调查过程中通常还需要进行诸如荷载、振动等分析。

四、渗漏的分类和判断

　　(一)渗漏的分类

　　渗漏是水工混凝土建筑物老化病害的一种表观现象。设计不合理、选用材料不恰当、施工质量控制差、运行管理不善、构造物用途或使用条件(包括外部条件)改变、遭受意外荷载破坏作用、自身材料老化等引发的贯穿性裂缝或连通蜂窝孔隙及孔洞等深层缺损,在水头压力作用下即表现为渗漏。

　　按照渗漏的几何形态可把渗漏分为点渗漏、线渗漏和面渗漏三种。

　　(1)点渗漏是指不连续无规律的渗漏现象,主要表现形式为孔洞渗漏水。

　　产生点渗漏的原因主要有:混凝土施工不当造成的孔洞,模板对穿螺孔及其他孔眼未及时封堵或封堵不当引起的渗漏,钢筋锈蚀引起的渗漏,穿墙管等细部构造留设处理不当引起的渗漏,以及因二次施工或装修施工不慎,破坏了原防水层造成的渗漏等。

　　(2)线渗漏是指连续的或有一定规律的,并以缝漏作为其主要表现形式的渗漏现象。线渗漏可分为病害裂缝渗漏和变形缝渗漏两种。

　　产生线渗漏的原因主要有:变形缝防水设计、施工不合理;止水铜片、止水带等材料质量不佳或由于老化等引起的止水失效;未按施工规范要求留设施工缝造成施工缝渗漏;混凝土配合比不当或结构变形、温度应力造成混凝土裂缝产生渗漏;不同材质间接缝防水处理不当产生的渗漏。

(3)面渗漏是指混凝土大面积潮湿和微渗水,俗称冒汗,其实质是坝体或堤防整体防渗体系的缺陷,如坝基防渗帷幕破损、坝内防渗体开裂等,此类缺陷影响较大,直接进行防护修补处理比较困难。

根据渗漏水的快慢,渗漏又可分为慢渗、快渗、漏水和射流。渗漏水量、静水压力、渗径长短和渗水流速决定着堵漏方法、堵漏材料、施工机具和工艺参数的选择。

(二)渗漏修补处理的判断

渗漏修补处理的判断即根据对渗漏结构物的调查和渗漏成因推断结果,综合考虑渗漏对整个建筑物安全、正常运行、耐久性等的危害以及人身安全、漏水损失、防水美观要求等,分析修补处理的重要性,选定修复目标,预算修补处理费用,再决定是否进行修补处理和相应的时机等。或者采取非修补处理措施(低标准进行、废弃等)。渗漏的修补处理包括防水堵漏和补强加固两方面的内容。

1. **防水堵漏判断**

渗漏引起水在结构物内外迁移流动。对于水工混凝土建筑物,渗漏不仅造成水量损失,还会存在诸多方面危害,甚至危及建筑物安全。因此,应适时对结构物进行防水堵漏处理。视建筑物种类、结构形式、工作环境条件和渗漏发生部位不同,可能造成的危害有:

(1)渗流水对混凝土产生溶蚀。

(2)水作为载体,把有害的酸、碱或盐类带入混凝土内部,产生侵蚀作用,使混凝土强度降低或开裂。在寒冷地区,吸水饱和混凝土会遭受冻融破坏。

(3)水分,特别是干湿循环,加速混凝土中钢筋锈蚀速度,进而加快钢筋混凝土结构的老化。

(4)当水头较高时,沿渗漏水流径在结构物中产生较大的渗流压力,恶化结构物的受力状态。

(5)土坝坝下埋管发生渗漏。内水外漏、外水内漏,都会冲刷埋管周围的土料,引起坝体塌坑和管涌,严重的甚至造成土坝失事。

(6)涵洞、倒虹吸、输水渠等出现渗漏,将引起外围土体的渗透变形,造成输水结构物本身结构的破坏。

(7)水闸的铺盖、阻滑板、闸底板或护坦发生裂缝渗漏,将改变闸基的渗流等势线,缩短渗径,使闸基的压力增大,抗滑稳定性降低,若是软基,渗水压力还会导致水闸地基发生变形,甚至管涌、流土,致使地基被淘空,引起水闸不均匀沉陷,使其产生裂缝和倾斜,甚至迅速倒塌。

(8)建筑物周围被渗漏水饱和的土体在冬季发生冻胀,直接破坏建筑物结构。

可见,渗漏对水工混凝土建筑物的危害很大,轻则加速老化病害的发生与发展,重则造成建筑物破坏甚至失事。因此,应该引起足够重视。水工建筑物种类繁多,结构形式复杂多样,工作环境条件有很大差异,分析评价渗漏危害性、堵漏修补的重要性很难有统一标准,只能针对具体工程分析判断,并不失时机地进行堵漏修补。

2.补强加固判断

水工建筑物中的混凝土构件分为非结构构件和结构构件两大类。对于非结构构件，即使发生开裂渗漏，也无须考虑补强加固，仅从适用性、耐久性、防水美观等方面分析判断是否需要堵漏修补即可。对于结构构件的病害裂缝渗漏，因在设计上要求构件承受一定外力，故应以结构构件的极限承载力来评判除防水堵漏修补外是否需要补强加固。

为确保结构物在正常施工和正常使用条件下，能承受可能出现的各种作用，以及在偶然事件发生时，仍能保持必要的整体稳定性，我国水工设计规范对各种结构形式的水工建筑物、各种水工建筑物等级均规定了相应强度和稳定安全度。在规定的安全度条件下，每个结构构件都应有一定的设计承载力。该设计承载力可以作为评判发生渗漏裂缝构件是否需要补强加固的标准。

校核构件的承载力或推断构件的残余承载能力可以采用现场调查、现场试验和分析计算相结合的方法。分析计算可以用常规力学法、有限单元法或断裂力学方法，理论分析计算所取原始数据资料，如构件截面尺寸、钢筋位置及配筋量（考虑钢筋锈蚀影响）、混凝土质量（实际强度等级）、裂缝等应以现场调查和试验结果为准，不能盲目沿用原设计数据资料。将计算结果和设计承载力值相比较，或与低水准运行条件下所要求的承载力相比较，判断构件是否需要补强加固，并设计合适的补强加固方案。

五、渗漏的修补处理原则

（1）渗漏修补处理的目的在于减少及消除渗漏对水工混凝土建筑物的诸多危害，提高结构物的耐久性，延长其使用寿命。

（2）渗漏修补处理方案应根据渗漏调查、成因分析及渗漏修补处理判断的结果，结合水工混凝土建筑物各自的结构特点、环境条件（湿度、温度、水质等）、时间要求及施工作业空间限制，选择适当的修补处理方法、修补材料、修补工艺和修补施工时机，以求以最低的工程费用达到预期的修复目标。

（3）渗漏的防水堵漏应尽可能靠近渗漏源头，凡条件容许，应尽量在迎水面堵截。这样既可直接阻止渗漏，成功率高；又可将水封闭在混凝土结构物外，防止渗漏水对结构物的侵蚀或溶蚀。降低内部渗透压力，有利于建筑物稳定。对于复杂的散渗点或渗漏缝群，堵住渗水源头，可能会止住多个散渗点或渗漏裂缝的渗漏。

第三节　剥　蚀

一、水工混凝土剥蚀的危害

寒区水工混凝土冻融剥蚀造成损失的案例很多，以吉林省云峰水电站为例。该水电站大坝在运行不到 10 年的时间里就发现整个溢流段共 21 孔的溢流面混凝土普遍存在冻融破坏，经检测，破坏面积达 9 000 m²，表层混凝土普遍存在层状剥落、砂石外露、疏松露筋等状态，破坏面积占溢流面总面积的 50.6%，破坏深度 10 cm 以下的面积为 1 597 m²；破坏深度 10 ~ 20 cm 的为 888 m²；个别部位破坏深度达到 50 cm。关于溢流面的修补问题,云峰水电站委托东北勘察设计院做了坝面补强设计。该设计方案指出,表层已经破坏的混凝土需要全部拆除,开挖深度 50 cm,开挖混凝土量 2 万 m³,回填混凝土量 2 万 m³,概算总投资 3 000 余万元。

二、剥蚀的分类

冻融、冲刷与空蚀、钢筋锈蚀及水质侵蚀四种破坏是引起水工混凝土剥蚀破坏的主要形式,其中寒区水工建筑物以冻融破坏最为显著。

在寒区,冻融破坏是水工混凝土建筑物较为常见的一种破坏形式。这种破坏现象是由于混凝土是由水泥、水和骨料按一定配合比组成的人造石材,混凝土内部有液体和孔隙的存在,是一种不密实的混合体,混凝土在浇筑过程中,内部会形成大量细小连通的孔隙,当这些孔隙充水达到饱和之后,在 0 ℃时开始结冰,封堵了混凝土孔隙与外界连通的孔口。水工混凝土建筑物长期处于浸水饱和及潮湿的条件下,在环境温度的变化过程中,混凝土内部的孔隙水结冰膨胀、融化松弛,如此反复循环,产生疲劳应力而造成混凝土由表及里逐渐剥蚀。冻融破坏常发生在水位变化区,如大坝水位变化区、溢流面、消力池及挡水墙等部位。

冲刷破坏也是水工混凝土建筑物较常见的破坏形式,尤其是溢洪道闸门出口段、泄洪洞出口处、溢流堰面等过流部位很容易造成冲刷破坏。钢筋锈蚀产生的膨胀应力会导致钢筋保护层混凝土开裂、剥落,保护层的剥落又会进一步加速钢筋锈蚀,最终导致结构承载能力和稳定性的降低。

水质侵蚀引起混凝土剥蚀破坏,从总体上看,都是可溶性侵蚀介质随着水渗透扩散到混凝土中,再与混凝土中水泥水化产物或其他组分发生化学反应,生成膨胀性产物或溶解度较大的反应产物,从而使混凝土产生胀裂剥蚀或溶出性剥蚀,最终导致混凝土强度降低。

三、冻融剥蚀的影响因素

水灰比直接影响混凝土的孔隙率和孔隙结构。水灰比越大,混凝土的抗冻性就越低。另外,混凝土粗骨料粒径越大,冻胀应力也越大,抗冻性也就越差,因此抗冻混凝土的骨料粒径不宜过大,一般常用最大粒径为 40 mm。

(1)冻融循环次数越多,破坏就越严重,混凝土的抗冻性能、抗冻强度等级就是按照冻融循环次数来确定的。

(2)混凝土坝的水平施工缝容易因为内外温差而形成裂缝,缝面中的水结冰时体积增大 9% 左右,使裂缝微微张开,并且向内部延伸。

(3)施工质量对混凝土的抗冻性能起着重要影响,根据已建工程的观测资料,在同一地区施工质量好的混凝土结构,混凝土的抗冻性强;反之,混凝土的抗冻性差。

四、冻融破坏的预防措施

(1)结构物基础处理。水工混凝土结构物基础要按设计要求处理好,避免发生不均匀沉降,造成混凝土结构物个别部位出现裂缝,从而加速混凝土结构物的冻融破坏,缩短其寿命。

（2）选择抗冻性能强的水泥。混凝土的抗冻性随水泥活性增高而提高，因此要按抗冻要求选择符合条件的水泥种类。如抗硫酸盐水泥和大坝水泥，一般硅酸盐水泥和矿渣水泥掺入适量的外加剂，也可以满足抗冻性要求。

（3）降低混凝土的水灰比或配置防冻融钢筋。水泥水化需水量仅为其重量的25%左右，若水量增加，多余的水就会游离析出，当孔隙饱和后就容易冻胀破坏，因此在可能的条件下，将水灰比降低到最小值，可防冻融破坏。另外，严寒地区混凝土较薄处可配置竖向防冻胀钢筋，也是防止冻融破坏的有力措施。

（4）采用引气剂与减水剂。引气剂使水泥石中形成互不连通的气泡，这些气泡阻止混凝土吸收水分，可防止冻结时的膨胀变形。减水剂可增大混凝土熟料的流动性，从而减少混凝土的拌和用水，达到减小水灰比的目的。

（5）严格控制施工质量。混凝土施工质量的好坏，直接影响其抗冻性，因此必须把好施工质量关，对重要部位的混凝土应采取必要措施，如溢流坝溢流部位、冬季水位变化区等处，采取直接作业吸收混凝土的多余水分，同时大气压压向混凝土表面，使表层2~4 cm被压实。实践证明，作业良好的混凝土，由于表面密实光滑，远比一般混凝土的抗冻融性高。

第四节　碳　化

一、水工混凝土碳化的危害

混凝土碳化，会引起钢筋锈蚀，导致其体积膨胀，使混凝土保护层开裂，直至使混凝土剥落，严重影响了混凝土建筑物的耐久性。因此，必须采取相应措施，防止混凝土的碳化或降低碳化速度。

国内水工混凝土因碳化引起损失的案例有很多，以江苏省扬州市郊的万福闸为例。该工程是一座65孔的大型钢筋混凝土闸，1960年建成投入运行。由于设计标准低，结构物产生顺筋裂缝。到1984年，混凝土平均碳化深度超过60 mm，钢筋普遍锈蚀，混凝土产生多处裂缝，并有混凝土崩落，对安全运行产生极大威胁。工程大修投资为2 500万元左右。

二、混凝土碳化的机制

混凝土的碳化是混凝土所受到的一种化学腐蚀。空气中CO_2渗透到混凝土内，与其碱性物质起化学反应后生成碳酸盐和水，使混凝土碱度降低的过程称为混凝土碳化，又称作中性化，其化学反应为：$Ca(OH)_2 + CO_2 = CaCO_3 + H_2O$。水泥在水化过程中生成大量的氢氧化钙，使混凝土空隙中充满了饱和氢氧化钙溶液，其碱性介质对钢筋有良好的保护作用，使钢筋表面生成难溶的Fe_2O_3和Fe_3O_4，称为纯化膜。碳化后使混凝土的碱度降低，当碳化超过混凝土的保护层时，在水与空气存在的条件下，就会使混凝土失去对钢筋的保护作用，钢筋开始生锈。可见，混凝土碳化作用一般不会直接引起其性能的劣化，对于素混凝土,碳化还有提高混凝土耐久性的效果,但对于钢筋混凝土来说,碳化会使混凝土的碱度降低,同时增加混凝土孔隙中溶液中氢离子数量,因而会使混凝土对钢筋的保护作用减弱。

三、混凝土碳化的原因

(一)混凝土碳化的内在原因

1. 水泥品种

不同的水泥,其矿物组成、混合材料、外加剂、生料化学成分不同,直接影响着水泥的活性和混凝土的碱度,对碳化速度有着重要影响。一般而言,水泥中熟料越多,混凝土的碳化速度越慢。外加剂(减水剂、引气剂)一般均能提高抗渗性,减弱碳化速度,但含氯盐的防冻、早强剂则会严重加速钢筋锈蚀,应严格控制其用量。

2. 骨料品种和级配

骨料品种和级配不同,其内部孔隙结构差别很大,直接影响着混凝土的密实性。材质致密坚实、级配较好的骨料的混凝土,其碳化的速度较慢。

3. 磨细矿物掺料的品种和数量

如具有活性水硬性材料的掺料,其不能自行硬化,但能与水泥水化析出的氢氧化钙或者与加入的石灰相互作用而形成较强、较稳定的胶结物质,使混凝土碱度降低。在水灰比不变采用等量取代的条件下,掺料量取代水泥量越多,混凝土的碳化速度就越快。

4. 水泥用量

增加水泥用量,一方面可以改变混凝土的和易性,提高混凝土的密实性;另一方面还可以增加混凝土的碱性储备,使其抗碳化性能增强,碳化速度随水泥用量的增大而减小。

5. 水灰比

在水泥用量一定的条件下,增大水灰比,混凝土的孔隙率增加,密实度降低,渗透性增大,空气中的水分及有害化学物质较多地侵入混凝土体内,加快混凝土碳化。

6. 施工质量

施工质量差表现为振捣不密实,造成混凝土强度低,蜂窝、麻面、孔洞多,为大气中的二氧化碳和水分的渗入创造了条件,加速了混凝土的碳化。

7. 养护质量

混凝土成型后,必须在适宜的环境中进行养护。养护好的混凝土,具有胶凝好、强度高、内实外光和抗侵蚀能力强的特点,能阻止大气中的水分和二氧化碳侵入其内,延缓碳化速度。

(二)混凝土碳化的外在原因

1. 酸性介质

酸性气体(如 CO_2)渗入混凝土孔隙溶解在混凝土的液相中形成酸,与水泥石中的氢氧化钙、硅酸盐、铝酸盐及其他化合物发生中和反应,导致水泥石逐渐变质,混凝土的碱度降低,这是引起混凝土碳化的直接原因。试验研究已证实,混凝土的碳化速度与二氧化碳浓度的平方根成正比,即混凝土碳化速度系数随二氧化碳浓度的增加而增大。混凝土中钢筋锈蚀的另一个重要和普通的原因是氯离子(Cl^-)作用。氯离子在混凝土液相中形成盐酸,与氢氧化钙作用生成氯化钙,氯化钙具有高吸湿性,在其浓度及湿度较高时,能剧烈地破坏钢筋的钝化膜,使钢筋发生溃烂性锈蚀。

2. 温度和光照

混凝土温度骤降,其表面收缩产生拉力,一旦超过混凝土的抗拉强度,混凝土表面便开裂,导致形成裂缝或逐渐脱落,为二氧化碳和水分渗入创造了条件,加速混凝土碳化。阳面混凝土温度较阴面混凝土温度高,二氧化碳在空气中的扩散系数较大,为其与氢氧化钙反应提供了有利条件,阳光的直接照射加速了其化学反应和碳化速度。

3. 含水量和相对湿度

四周介质的相对湿度直接影响混凝土含水率和碳化速度系数的大小。湿度过高(如100%),使混凝土孔隙布满水,二氧化碳不易扩散到水泥石中;湿度过低(如25%),则孔隙中没有足够的水使二氧化碳生成碳酸,碳化作用都不易进行;当四周介质的相对湿度为50%~70%时,混凝土碳化速度最快。因此,混凝土碳化速度还取决于混凝土的含水量及四周介质的相对湿度。在实际工程中,混凝土结构下部的碳化程度较上部轻,主要是湿度影响的结果。

4. 冻融和渗漏

在混凝土浸水饱和或水位变化部位,由于温度交替变化,混凝土内部孔隙水交替地冻结膨胀和融解松弛,造成混凝土大面积疏松剥落或产生裂缝,导致混凝土碳化。渗漏水会使混凝土中的氢氧化钙流失,在混凝土表面结成碳酸钙结晶,引起混凝土水化产物的分解,其结果是严重降低混凝土强度和碱度,恶化钢筋锈蚀条件。

四、混凝土碳化的预防措施

(一)设计方面

根据水工建筑物中不同的结构形式和不同的环境因素,分别对混凝土的保护层采用不同的厚度,应尽量避免一律采用2~3 cm。

(二)施工方面

混凝土质量好坏,施工是关键。一是要认真选择建筑材料。水泥选用抗碳化能力强的硅酸盐水泥;骨料选用质地硬实和级配良好的砂与石料;施工中除砂要筛、石要洗外,还要非常注重剔除骨料中的有害物质。二是在混凝土中可掺入优质适宜的外加剂,如减水剂、阻水剂等,以改善混凝土的某些性能,提高其强度和密实性、抗渗性、抗冻性。三是要严格控制混凝土的水灰比。要求是小水灰比、低坍落度,要把水的用量控制在满足配料和施工需要的最低范围内,尽量减少混凝土的自由水。四是振捣和养护。振捣一定要充分并严格按照标准规定进行,必要时可做表面处理;养护一定要及时,一旦混凝土达到初凝,就应立即进行养护,并坚持按不同水泥品种所要求的时间养护,控制好环境的温度和湿度,以使混凝土在适宜的环境中进行养护。五是钢筋混凝土保护层厚度。施工时要将钢筋用事先预制好的高强度等级砂浆垫块垫好,使钢筋的混凝土保护层厚度满足设计要求。六是施工缝要做到少留或不留,必须要留的,应做好接缝处的工艺处理。

(三)使用方面

对水工建筑物在使用上不要随意改变原设计的使用条件。因为水工建筑物使用条件的改变,直接关系到外界气体、温度、湿度等因素变化所引起的混凝土内部某些情况的变化,尤其是对混凝土构件的轻易碰撞部位,更应当设置包角和隔层保护。

(四)治理方面

对于水工建筑物中混凝土构件的治理,主要是定期检查、加强维护。对于轻易产生碳化的混凝土构件,则应派专人定期观察及测试温度、湿度,检查裂缝情况和碳化深度,并做好具体记录。若发现混凝土表面有开裂、剥落现象,则应及时利用防护涂料对混凝土表面进行封闭或采取使混凝土表面与大气隔离措施,绝对不允许其裂缝继续扩大,必要时可做混凝土补强处理。

第三章　水工混凝土表面预防护理论

第一节　预防护理论基础

一、预防护理论提出的背景

对于新建水工混凝土工程的特殊构件(如溢流堰面、输水隧洞闸室段、沿海挡潮闸排架柱等)或特殊部位(如浪溅区、水位变动区以及结构缝等),由于在工程完工但尚未运行前缺少提前进行防护的措施,导致上述构件或部位因恶劣环境作用而过早出现损坏的案例很多。

以美国为例,通过 20 世纪 80 年代编制的两项调查报告——《美国水泥和混凝土研究现状》和《混凝土耐久性——节省数十亿美金的机遇研究》可知,混凝土耐久性早期损伤问题非常严重。仅混凝土桥面就有 25 万座遭受程度不同的损害,其中有近 1/4 的桥面使用了还不到 20 年,而且每年将有 35 000 座加入到损坏的行列。由于广泛使用除冰盐,造成过早破坏,甚至在 5 年内就明显出现钢筋锈蚀。美国在 1978 年用于修复公路桥面板的费用达到 63 亿美元。混凝土基础设施的总投资为 6 万亿美元,但由于这些混凝土结构过早出现损坏,每年用于维修和加固的费用将达 3 000 亿美元。屈艾特所著《美国在破坏中》一书中估计,包括公路、桥梁、给排水、供水饮水系统和公共交通在内,全部维修费用将高达 3 万亿美元,比美国一年的国民生产总值还要多。由此可见,国外混凝土工程后期维修和加固成本是相当巨大的。

同样,随着我国经济的快速发展,以混凝土工程为代表的基础设施建设也得到了空前发展,但由于普遍存在"重结构轻防护"的设计理念,许多混凝土结构,如沿海氯盐侵蚀地区、长期处于水位变化区、高速水流冲刷区等部位,出现过早损坏的现象屡见不鲜。水利部组织编写的《全国水工混凝土建筑物耐久性及病害缺陷处理调查报告》中曾提到,在所调查的 32 座大坝和 40 余座水闸工程中,有近 1/3 的工程在使用不到 20 年就发生了混凝土裂缝,发生裂缝的部位主要是闸底板、闸墩、胸墙及各种大梁;另外,约有 60% 的工程在使用 15 年就发生了混凝土碳化和冻融破坏情况,出现缺陷的位置主要位于水位变化区、高速水流冲刷处以及氯盐环境工程中。

辽宁省水利水电工程质量检测中心通过 2009 年开展的辽宁省 88 座水闸工程的混凝土结构现场检测,发现有 19% 的水闸工程在使用 10 年就发生了混凝土裂缝、剥蚀和碳化缺陷,而使用 15 年和 20 年发生缺陷的比例分别高达 57% 和 73%。其中,处于水位变化区的混凝土闸墩、底板、排架柱等结构甚至发现有钢筋锈蚀现象。混凝土工程过早出现各类病害缺陷,将严重影响工程正常运行,也造成基础设施建设的极大浪费。

因此,为了降低混凝土工程过早发生损坏的概率,借鉴国内交通行业对特殊环境中的混凝土墩柱进行早期防护措施的经验,提出在水工混凝土结构设计阶段除要考虑耐久性设计外,还应考虑必要的早期防护处理,以便提升混凝土工程的耐久性,延长其使用寿命。

二、预防护处理对象

对特殊环境或特殊部位新建水工混凝土结构考虑 5 方面预防护处理工艺,主要部位包括:

(1)特殊构件及构件特殊部位的预防护施工工艺,比如溢流堰面、输水隧洞闸室段等部位考虑涂刷抗冲磨、抗冲刷性的防护材料。

(2)混凝土结构浪溅区、水位变动区的混凝土预防护施工工艺,比如水库大坝迎水侧面板水位变动区粘贴苯板、挤塑板等防冰害、防冻融损伤材料。

(3)混凝土结构缝的预防护施工工艺,比如隧洞结构缝、面板坝接缝、底板接缝、导流墙接缝等部位进行灌浆、嵌缝等防护。

(4)大体积混凝土避免早期开裂的预防护工艺,比如在混凝土初凝后尽快粘贴苯板等保温结构,以降低混凝土内外温差,从而控制早期开裂。

(5)在沿海或氯盐环境中的水工混凝土结构预防护工艺,考虑通过涂刷抗氯盐侵蚀的涂层材料来降低氯盐侵蚀的发生。

三、预防护试验研究

结合新建工程现场试验段,辽宁省水利水电科学研究院近年来分别在东港白云闸工程边墙,丹东三湾水利枢纽及输水工程闸墩和鱼道槽身,营口民兴河挡潮闸、排架柱边墙、闸墩二期混凝土等特殊部位开展预防护试验研究,现场试验段见图 3-1 ~ 图 3-6。

图 3-1　东港白云闸上游右边墙及伸缩缝预防护试验段

图 3-2　丹东三湾水利枢纽及输水工程 16# 闸墩右侧面预防护试验段

图 3-3　丹东三湾水利枢纽及输水工程左岸鱼道槽身预防护试验段

图 3-4　营口民兴河挡潮闸排架柱预防护试验段

图3-5　民兴河拦河闸右岸边墩、边墙及伸缩缝预防护试验段

图3-6　民兴河拦河闸右边墩下游二期混凝土表面预防护试验段

第二节　基于 ANSYS 的水工混凝土碳化防护数值仿真模型

首先对混凝土中 CO_2 扩散反应方程与热传导方程进行了相似度对比分析,在室内碳化试验的基础上,利用 ANSYS 有限元软件建立了混凝土碳化数值模型,证明了模型的合理性,并对涂有防护修补材料的混凝土进行了碳化效果评估,得到了相应的时程模型,为防护修补效果评价和寿命预测研究提供了借鉴。

一、碳化分析的理论基础

混凝土的碳化过程包括 CO_2 的物理扩散过程和化学反应过程。CO_2 首先通过混凝土中的孔隙扩散到混凝土内部,并在扩散过程中与混凝土中的可碳化物质发生反应不断消耗。根据质量守恒定律,碳化过程中 CO_2 含量的变化可表示为:

$$\frac{\partial C}{\partial t} = D_c \nabla C - v_r \tag{3-1}$$

式中：C 为 CO_2 浓度变量；D_c 为 CO_2 扩散系数；v_r 为碳化反应速度。

D_c 与 v_r 均受环境温度、湿度等因素影响。

经过对比发现，CO_2 扩散反应方程与热传导方程在形式上完全相同，只是方程中各变量的物理意义不同而已。两种方程各变量物理意义的对比如表 3-1 所示。

表 3-1　CO_2 扩散反应方程与热传导方程对比

CO₂扩散反应方程		热传导方程	
	变量		变量
$\frac{\partial C}{\partial t} = D_c \nabla C - v_r$	C	$\frac{\partial T}{\partial t} = a^2 \nabla T + f(x,y,z,t)$	T
	t		t
	D_c		$a^2 = k/(c\rho)$
	$-v_r$		$f(x,y,z,t)$

如果定义 CO_2 的扩散系数 D_c 取代热传导系数 a^2，碳化反应速度 $-v_r$ 取代内部热源 $f(x,y,z,t)$，如式（3-2）和式（3-3）所示，则两个方程可以对等。

$$D_c = a^2 = k/(c\rho) \tag{3-2}$$

$$-v_r = f(x,y,z,t) \tag{3-3}$$

考虑到有限元计算软件 ANSYS 对于热分析的数值模拟非常成熟，通过以上对比讨论，可以尝试应用 ANSYS 中的热分析模块对混凝土碳化过程进行数值模拟仿真。

二、碳化扩散系数及反应速率

（一）扩散系数 D_c

根据已有研究成果，CO_2 扩散系数 D_c 的变化规律可以用式（3-4）表示，即

$$D_c = D_{c,0} F_1(T) F_2(H) F_3(\eta) F_4(\sigma) \tag{3-4}$$

式中，各变量或函数的具体含义如下：

（1）$D_{c,0}$ 为混凝土结构未碳化前，在参考温度、湿度条件下 CO_2 的扩散系数，由混凝土的水灰比等材料自身因素决定，取值为

$$D_{c,0} = 8 \times 10^{-7} (W/C - 0.34)(1 - H_{ref})^{2.2} \tag{3-5}$$

式中：W/C 为水灰比；H_{ref} 为混凝土内的参照相对湿度。

混凝土在成型过程中拌和振捣作用导致水灰比在深度方向上产生变化，表层的孔隙率相比内部较大，密实性较差，CO_2 易侵蚀扩散，而内部区域相对稳定。考虑到水灰比在深度方向上的变化，需采取分层确定扩散系数的方法，具体混凝土分层情况及特点如表 3-2 所示。

表3-2 混凝土分层情况及特点

名称	离表面距离(mm)	特点
净浆层	0~0.1	层薄且不含粗骨料
砂浆层	0.1~5	以细骨料为主,含少量粗骨料
混凝土层	>5	骨料分布相对均匀

水灰比沿深度方向的分布函数如式(3-6)所示:

$$\frac{W}{B}(x) = \begin{cases} \min\left(-0.2\frac{W}{B}x + 2\frac{W}{B}, 0.7\right) & (x \leqslant 5 \text{ mm}) \\ \frac{W}{B} & (x > 5 \text{ mm}) \end{cases} \tag{3-6}$$

(2) $F_1(T)$ 为温度对混凝土结构 CO_2 扩散系数的影响系数,其函数表达式为

$$F_1(T) = \exp\left[\frac{E}{R}\left(\frac{1}{T_{ref}} - \frac{1}{T}\right)\right] \tag{3-7}$$

式中: E 为 1 mol CO_2 反应所消耗的能量,取 21 800 J/mol; R 为摩尔气体常数,取 8.314 J/(mol·K); T_{ref} 为测定 $D_{c,0}$ 时的参考温度。

(3) $F_2(H)$ 为周围环境湿度对混凝土结构 CO_2 扩散系数的影响系数,其函数表达式为

$$F_2(H) = (1 - H)^{2.5} \tag{3-8}$$

式中: H 为相对环境湿度。

(4) $F_3(\eta)$ 为混凝土碳化程度对 CO_2 扩散系数的影响系数,其函数表达式为

$$F_3(\eta) = \begin{cases} 1 - \eta/1.8 & (0 \leqslant \eta \leqslant 0.9) \\ 0.5 & (0.9 < \eta \leqslant 1.0) \end{cases} \tag{3-9}$$

式中: η 为混凝土结构的碳化程度,完全碳化时取 1,未碳化时取 0。

(5) $F_4(\sigma)$ 为应力条件对 CO_2 扩散系数的影响系数,其函数表达式为

拉应力条件下

$$F_4(\sigma) = 1 + 0.051\,75\left(\frac{\sigma}{f_{t,k}}\right) + 0.115\,33\left(\frac{\sigma}{f_{t,k}}\right)^2 \tag{3-10}$$

压应力条件下

$$F_4(\sigma) = 1 - 0.060\,43\left(\frac{\sigma}{f_{t,k}}\right) - 0.384\,31\left(\frac{\sigma}{f_{t,k}}\right)^2 \tag{3-11}$$

(二) 碳化反应速度 v_r

碳化反应速度 v_r 也受温度、湿度、CO_2 浓度和碳化程度等因素影响。通过适当简化,重点考虑温度和湿度对碳化反应速度 v_r 的影响:

$$v_r = v_{r,0} f_1(T) f_2(H) \tag{3-12}$$

式中,各变量或函数的具体含义如下:

(1) $v_{r,0}$ 为理想状态下混凝土结构碳化反应速度,可以取 2.80×10^{-7} mol/s。

(2) $f_1(T)$ 为温度对碳化反应速度的影响系数,其函数表达式为

$$f_1(T) = \exp\left(-\frac{E_0}{RT}\right) \tag{3-13}$$

其中：E_0 为混凝土结构碳化活化能，取 91.52 kJ/mol；R 为摩尔气体常数。

（3）$f_2(H)$ 为环境相对湿度对碳化反应速度的影响系数，其函数表达式为

$$f_2(H) = \begin{cases} 0 & (0 \leq H < 0.5) \\ 2.5(H - 0.5) & (0.5 \leq H < 0.9) \\ 1 & (0.9 \leq H \leq 1) \end{cases} \tag{3-14}$$

三、基于 ANSYS 的混凝土碳化数值模拟

采用 ANSYS 中的瞬态热分析模块对混凝土碳化过程进行数值模拟，并根据《水工混凝土试验规程》（SL 352—2006）选取 100 mm × 100 mm × 400 mm 棱柱体试件做碳化试验对数学模型进行验证校准。其中，混凝土碳化过程数值模拟流程如图 3-7 所示。

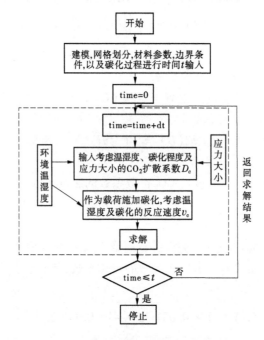

图 3-7　混凝土碳化过程数值模拟流程

（一）模型建立及网格划分

建立平面二维混凝土截面模型，模型尺寸为 100 mm × 100 mm。在深度方向（Z 方向）上对模型进行分层，各层间距为 0.5 mm，并对每一层混凝土的 CO_2 扩散系数和反应速度进行定义。建立好的平面二维分层混凝土模型如图 3-8 所示。

将所建模型以 0.5 mm 单元尺寸进行网格划分，定义单元类型为二维 8 节点热实体单元 PLANE77,8 节点单元具有一致的温度变形函数。划分好的网格共包含 120 801 节点,40 000 个单元，如图 3-9 所示。

（二）边界条件

在边界条件建立过程中，首先要确定环境中 CO_2 浓度。一般而言,CO_2 浓度为体积百

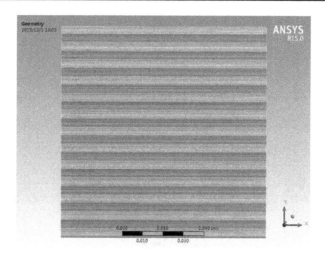

图 3-8　二维分层混凝土模型

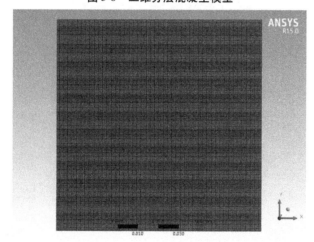

图 3-9　分层混凝土的有限元网格模型

分比浓度,要先将其转换为质量浓度,以便于混凝土结构内 CO_2 浓度分析。标准大气情况下(标准大气压 101 325 Pa,温度 273.5 K),CO_2 质量浓度和体积浓度间关系为

$$C_0 = 1.8C_v \tag{3-15}$$

式中: C_0 为 CO_2 质量浓度; C_v 为 CO_2 体积浓度。

根据式(3-15)可知,如 CO_2 的体积浓度为 20%,则其质量浓度为 0.36 kg/m³。

(三)模型验证校准

为了验证数学模型的正确性,将碳化试验结果与数学模型结果进行比较,以对仿真模型进行校准。在混凝土碳化试验规程中,标准试验条件下 CO_2 浓度为 20% ±3%,温度为(20 ±5)℃,湿度为 70% ±5%,并将棱柱体试块 3 个侧面用石蜡进行密封,仅留 1 个侧面进行碳化研究。

在数值模型中,根据混凝土水灰比、环境温度和湿度等因素确定各层 CO_2 的扩散系数和反应速度,并对深度方向的第 1 层外边界的 CO_2 浓度定义为 0.36 kg/m³,其余各外边界的浓度值均定义为0。混凝土碳化过程数值模拟结果如图3-10所示。

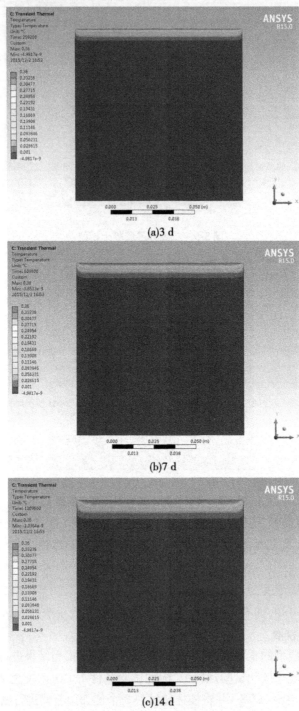

(a)3 d

(b)7 d

(c)14 d

图3-10　混凝土碳化过程数值模拟结果

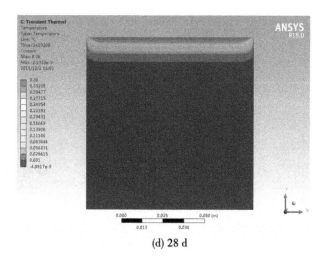

(d) 28 d

续图 3-10

　　沿深度方向上 5 mm、10 mm 和 15 mm 处,其 CO_2 浓度随时间变化如图 3-11 所示。碳化模拟试验结果如图 3-12 所示。

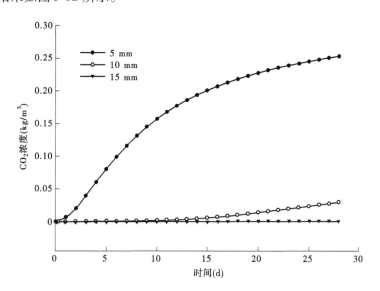

图 3-11　混凝土不同深度处 CO_2 浓度变化

　　混凝土试件碳化深度数值解和试验值对比如图 3-13 所示。

　　由图 3-13 可以看出,数值模拟结果和试验结果在初始阶段吻合效果稍有差异,但随着碳化深度的加深,吻合效果越来越好。由此表明,该数值模型可以用于混凝土碳化过程的数值模拟。

四、防护混凝土的碳化试验

　　试验共分两组,第 1 组棱柱体试块混凝土强度等级为 C30,采用 SK 手刮聚脲为涂层防护材料;第 2 组棱柱体试块混凝土强度等级为 C20,采用 HK - 988 弹性体为涂层防护

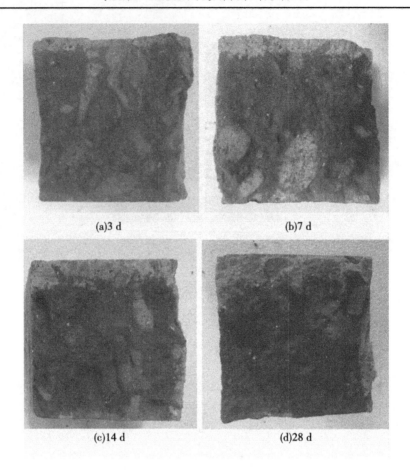

(a)3 d　　　　　　　　　　　　　　(b)7 d

(c)14 d　　　　　　　　　　　　　　(d)28 d

图 3-12　不同龄期混凝土碳化深度

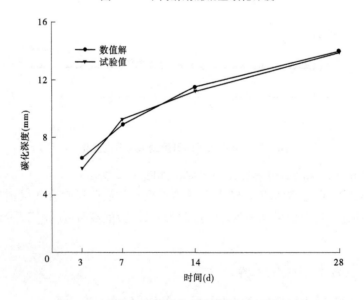

图 3-13　混凝土试件碳化深度数值解和试验值对比

材料。根据相关规范要求,将混凝土试块两个相对的侧面涂抹石蜡密封,另外两个侧面分别涂覆涂层材料和未做处理混凝土以便进行防碳化效果对比。

两组试验中未做防碳化处理的混凝土侧面碳化深度试验结果如表3-3所示。

表3-3　未做防碳化处理的混凝土侧面碳化深度试验结果

组次	碳化深度(mm)			
	3 d	7 d	14 d	28 d
1	1.3	3.4	6.2	8.3
2	6.6	7.1	8.0	10.8

由于防护材料密实性高,与混凝土表面黏结良好,故两组试验涂覆涂层材料的侧面碳化深度在全部试验龄期测得的碳化深度值均为0。以第2组为例,棱柱体试块各龄期碳化深度情况如图3-14所示。

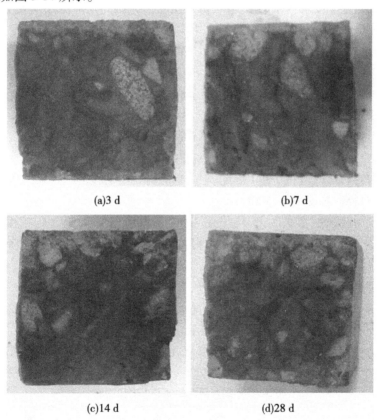

(a)3 d　　　　　　　　　　(b)7 d

(c)14 d　　　　　　　　　　(d)28 d

图3-14　第2组棱柱体试块在不同龄期时混凝土碳化深度

图3-14中上表面为未做防护处理面,下表面涂覆涂层材料 HK-988 弹性体面,而左右端面则采用石蜡密封。由图3-14可以明显看出,涂覆防护材料可以极大程度地提高混凝土的抗碳化性能。

五、基于 ANSYS 的水工混凝土碳化防护数值模拟

寒区水工混凝土除冻害问题外,碳化问题也越来越突出,严重威胁到水利工程的耐久性和安全性。涂层防护技术是保护水利工程设施的重要而有效的方法,近年来聚脲涂层材料被广泛地作为水工混凝土的防护材料,实践证明,其可以有效地延长混凝土的使用寿命。

聚脲材料的气密性能优异,而且与混凝土基底黏结性好,耐老化时间长,可以长时间地保护混凝土表面不受 CO_2 侵蚀。目前,聚脲材料在水利工程领域的应用主要集中于防水和防腐,而手刮聚脲材料进行碳化防护和修补的应用实例较为少见,且尚无此方面的数值模拟研究。本书在基于 ANSYS 对混凝土碳化过程进行有限元模拟的基础上,尝试性地评价聚脲材料对混凝土碳化的防护修补效果,并进行相应的寿命预测。

(一)边界条件和参数确定

根据防护对象和要求效果的不同,在混凝土表面涂刮的聚脲涂层厚度不小于 2 mm,在此处取最小值 2 mm,即模型深度方向上第 1 层。聚脲材料性质相对稳定,但随时间增长,老化程度增大,其性能也随之相应降低。在碳化过程中,随着时间的推移,聚脲材料的 CO_2 扩散系数不断发生变化,如式(3-16)所示:

$$D_t = \varphi(t)D_0 \tag{3-16}$$

式中: D_0 为聚脲材料初始 CO_2 扩散系数; D_t 为该时刻的 CO_2 扩散系数; $\varphi(t)$ 为扩展指数衰减率,其值可参照聚合物物理老化方程 KWW 方程得到:

$$\varphi(t) = \exp\left[-(t/\tau)^\beta\right] \tag{3-17}$$

式中: β 为松弛指数,取值在 0 和 1 之间,根据聚脲材料耐老化的特点取用 0.98; τ 为老化时间,取聚脲材料标称使用寿命 30 年。

模拟环境为我国东北寒区,平均温度 4.4 ℃,平均湿度 70%, CO_2 浓度为 0.003 87 kg/m³,据此确定各层混凝土材料的 CO_2 扩散系数。为模拟实际情况,模型两侧和底部均采用自由边界。

(二)效果评价分析

进行无防护处理和涂刮聚脲层两种情况下的碳化过程模拟。其中,涂刮聚脲层的混凝土碳化过程中 CO_2 浓度分布如图 3-15 所示。

比较无防护处理和涂刮聚脲层两种模型在不同年限时的混凝土碳化深度结果,如表 3-4 所示。

表 3-4　不同年限时的混凝土碳化深度

碳化时间(年)		10	20	30	40	50	60
碳化深度 (mm)	无防护处理	18.2	25.1	31.3	35.5	37.2	41.3
	涂刮聚脲层	1.7	1.9	2.0	5.3	7.6	9.7

由图 3-15 和表 3-4 可知,相比于无防护处理的情况,由于聚脲涂层的存在,混凝土碳化过程进展十分缓慢,两种情况下混凝土的碳化深度差距悬殊。随着时间的推移,虽然聚

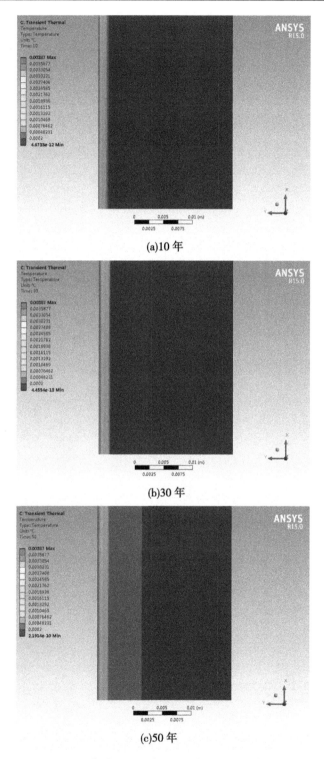

(a)10 年

(b)30 年

(c)50 年

图 3-15 涂刮聚脲层的混凝土在不同时刻的 CO_2 浓度分布(局部,左侧为 CO_2 接触面)

脲材料逐渐老化,材料本身的 CO_2 扩散系数有所增大,但仍旧可以起到很好的隔离、防护作用,验证了聚脲材料的碳化防护效果明显,同时证明了对水工混凝土结构表面进行预防护处理的必要性和重要性。另外,根据混凝土中钢筋保护层厚度值,可以对防护修补后的混凝土建筑物的寿命进行预测。

第四章　防护修补材料试验研究

国内外对水工混凝土病害缺陷防护修补材料的研究已经取得了很大的进展,也取得了丰硕的成果。而且,许多防护修补材料已经成功应用到实际工程中,取得了良好的效果,为本书开展研究提供了选材依据。

第一节　防护修补材料初选

一、防护修补材料分类及用途

当前国内混凝土缺陷防护修补材料有很多,按照功能类型归纳总结为 12 类 52 种特征材料。防护修补材料的主要特征材料及其功能用途见表 4-1。

表 4-1　防护修补材料分类及主要功能用途

序号	材料类型	编号	主要特征材料	主要功能用途
1	水泥砂浆、聚合物水泥砂浆及混凝土	(1)	特种耐磨高强度砂浆	磨损、气蚀破坏的修补
		(2)	硅粉(钢纤维)抗冲磨混凝土	磨损、气蚀破坏的修补
		(3)	硅粉(钢塑纤维)抗冲磨混凝土	磨损、气蚀破坏的修补
2	聚合物砂浆及混凝土	(1)	高弹性抗冲磨砂浆	有推移质的混凝土泄洪建筑物表面抗冲磨防护、伸缩缝内部嵌填、裂缝表面开槽嵌填
		(2)	甲基丙烯酸甲酯(MMA)	混凝土裂缝嵌填、混凝土薄层剥蚀修补和防护
3	灌浆料	(1)	自流平修补砂浆	钢结构预埋件的二期浇筑
		(2)	自流平高强补偿收缩砂浆	钢结构预埋件的二期浇筑
4	灌浆材料	(1)	水溶性聚氨酯浆材	混凝土裂缝、孔洞的堵漏和补强
		(2)	改性聚氨酯浆材	
		(3)	丙烯酰胺(丙凝)浆材	混凝土裂缝、孔洞的堵漏和补强
		(4)	油溶性聚氨酯灌浆材料	混凝土裂缝、孔洞的堵漏
		(5)	水泥(超细水泥)浆材	混凝土裂缝、孔洞的堵漏和补强
		(6)	环氧树脂灌浆材料	混凝土裂缝的补强加固和防渗处理
		(7)	甲凝灌浆材料	混凝土细微裂缝的补强和防渗处理
		(8)	壁可材料	混凝土裂缝、孔洞的堵漏
		(9)	低压注浆材料	

续表 4-1

序号	材料类型	编号	主要特征材料	主要功能用途
5	防水片材	(1)	三元乙丙橡胶片材	伸缩缝、裂缝的防渗处理,迎水面的散渗处理
		(2)	三元乙丙复合柔性板	
6	表面防护材料	(1)	单组分涂刷聚脲	混凝土表面防渗、抗冲磨、防冻融、防腐及防碳化,裂缝及伸缩缝表面封闭
		(2)	聚氨酯涂料	混凝土表面防渗及防碳化,裂缝及伸缩缝表面止水
		(3)	丙烯酸酯共聚乳液涂料	混凝土表面柔性防碳化
		(4)	水泥基渗透结晶型粉料	水下混凝土表面刚性防渗
		(5)	硅烷防腐剂	水下混凝土表面刚性防水、防腐、防碳化
		(6)	通用性水泥基渗透结晶型防水涂料	混凝土表面刚性防渗、抗冲磨及防碳化
		(7)	单组分聚氨酯脲防水涂料	混凝土表面柔性防渗、防碳化
		(8)	双组分聚氨酯脲防水涂料	
		(9)	暴露型单组分防水涂料	
		(10)	橡胶沥青	
		(11)	其他柔性防护涂料	
7	嵌缝密封材料	(1)	沥青类塑性填料止水材料	伸缩缝、裂缝的嵌填密封止水(冷施工)
		(2)	橡胶类塑性填料止水材料	
		(3)	硅酮密封胶	
		(4)	聚氨酯嵌缝材料	
		(5)	丁基密封腻子	
		(6)	遇水膨胀橡胶止水材料	
		(7)	自粘性橡胶密封带	
		(8)	高弹性聚脲砂浆	
		(9)	聚硫密封膏	
		(10)	橡胶改性沥青嵌缝油膏	混凝土构件接缝的防水嵌填
		(11)	聚氯乙烯防渗胶泥	
		(12)	其他嵌缝材料	伸缩缝、裂缝的嵌填密封止水
8	快速堵漏止水材料	(1)	水泥快速堵漏剂	快速封堵混凝土孔洞和裂缝的渗漏
		(2)	水玻璃或水泥水玻璃浆材	地下混凝土结构或大体积混凝土连通蜂窝孔洞和 0.5 mm 以上裂缝漏水处理和补强

续表 4-1

序号	材料类型	编号	主要特征材料	主要功能用途
9	阻锈剂	(1)	防锈涂料	修补由氯离子侵蚀引发的钢筋锈蚀破坏
		(2)	带锈涂装材料	可以在锈蚀严重的环境中带锈涂装
10	界面处理剂	(1)	乳胶类界面处理剂	混凝土基面与面层材料之间的过渡层
		(2)	水溶性环氧界面处理剂	
		(3)	油溶性环氧界面处理剂	
11	锚固剂	(1)	无机类	补强加固用,可带水作业
		(2)	双组分	补强加固用,干燥后作业
12	补强、增强材料	(1)	水性	直接渗透型表面增强材料
		(2)	钠基和锂基渗透型	复合面层增强型表面增强材料

此外,按照缺陷类型的不同也可以分为裂缝处理材料、渗漏处理材料、剥蚀处理材料等。以裂缝处理材料为例,水工混凝土结构裂缝防护修补的通用灌浆材料主要包括水泥浆材(含细水泥、超细水泥以及纳米水泥浆),环氧浆材(含低温水下环氧浆、呋喃环氧浆),聚氨酯浆材含水溶性、非水(油)溶性、弹性聚氨酯浆材和丙烯酸盐浆材等。上述通用灌浆材料可以用于水工常态、碾压以及钢筋混凝土结构的堵水、防渗、修补与补强加固,也可用于水电站、输水洞等地下洞室的岩土围护结构的裂缝处理中。水工混凝土裂缝防护修补通用灌浆材料主要用途及其特性分别见表 4-2 和表 4-3。

二、防护修补材料的初选原则

水工混凝土病害缺陷防护修补材料的选择,应遵循下列基本原则:

(1)修补材料必须是基本不收缩或不引起黏结强度下降的收缩。

(2)当采用混合后体积膨胀的混凝土修补老的裂缝混凝土时,要选择完全能够限制膨胀过多的材料即要事先确定膨胀反应何时发生,并在其膨胀发生前修补完毕。

(3)对大体积或大面积裂缝混凝土修补时,应使其热膨胀系数在新、老混凝土之间相类似。

(4)当采用高弹性模量材料修补时,被修补材料也应是高弹性模量材料;否则,在荷载平行于黏结面时,低弹性模量材料的变形将导致荷载转移到高弹性模量一侧使其破裂。

(5)渗透性是指材料对液体和蒸气的渗透能力。质量好的混凝土相对来说不会渗透液体,但能通过蒸气。如果不渗透的材料被用于大的修补、垫层或涂料,潮湿的蒸气则会通过混凝土表面而存在于混凝土和顶层之间,截留的蒸气可能会引起黏结面的破坏,或者两种材料中薄弱面的破坏。这对承受冻融循环的修补块是更大的麻烦。

(6)对由钢筋锈蚀引起的损害而要求修补的材料也要避免使用非渗透性的材料。影响锈蚀率的一个因素是混凝土导电的能力,这和混凝土的渗透性有直接的关系。所有混凝土,除非是在炉中干燥的,都有一定的导电性。由于该混凝土一部分被没有导电能力的修补材料所代替,通过混凝土的电流将集中在较小的断面上,因此加速了腐蚀过程。

表 4-2　水工混凝土裂缝防护修补通用灌浆材料主要用途

材料名称	规格型号	颗粒尺寸	可灌裂缝宽度	应用范围与功能
普通硅酸盐水泥		80~100 μm	>200 μm	水利工程固结、帷幕灌浆以防渗补强
超细硅酸盐水泥		2~20 μm	<200 μm	水工程裂缝补强、修补
硅粉水泥浆材		>100 μm	>200 μm	水利工程基础加固,结石体 $R=55~60$ MPa
纳米水泥浆材		1~100 nm	>100 nm	基岩、围岩与坡岩防护加固
高水速凝浆材		>100 μm	>200 μm	地下洞室开挖堵水
黏土灌浆浆材		2~6 μm	<100 μm	土坝防渗,尤对 $K=10^{-5}$ m/s 防渗为佳
膨润土灌浆浆材		1~100 nm	<100 μm	泥浆护壁
黏土固化灌浆浆材		2~6 μm	<100 μm	水利工程地下洞室开挖堵水防渗
硅化灌浆浆材		0.2~2 μm	>200 μm	水利工程闸坝堤堰基础砂砾石层防渗与堵水
水溶性聚氨酯浆材	DH-500、LW、HW、EW		<100 μm	水工程堵水防渗
高渗性咪唑啉环氧浆材			<100 μm	水利工程地基与地下工程围岩和坡岩泥化夹层小于 10 cm/s 微裂缝防渗加固
油溶性聚氨酯浆材	DH-510		<100 μm	细—超细裂缝渗漏修补
水泥基渗结晶型防水浆材			<100 μm	
氰凝	SKH-2 型(PA105)		<400 μm	水工程细裂缝防水
环氧类灌浆料	HK-G 环氧灌浆材料、HK-WG 系列无溶剂环氧灌浆材料			水工程细裂缝防水
水玻璃				防水堵漏、配置高黏度砂浆

注:R 为抗压强度。

表4-3 水工混凝土裂缝防护修补通用灌浆材料特性

序号	浆材名称	黏结强度(MPa) 干	黏结强度(MPa) 湿	抗压强度(MPa)	抗折强度(MPa)	抗拉模量(MPa)	化学稳定性	缝面水的影响	适灌裂缝宽度(mm)
1	普硅水泥浆	0.1~0.6	0.1~0.6	3~10		$(0.9\sim1.3)\times10^4$	耐一般酸、碱、盐侵蚀	有一定影响	≥1.5(2.0)
2	超细水泥浆	0.5~1.0	0.5~1.0	45~65	6.5~8.0		耐一般酸、碱、盐侵蚀	有一定影响	0.5~1.5(2.0)
3	水泥基渗透结晶型浆	≥1.0	≥1.0	12~18	2.8~3.5		耐一般酸、碱、盐侵蚀,耐低温	影响较小	≥1.5(2.0)
4	水泥黏土浆	0.1~0.5		2~10			耐一般酸、碱侵蚀		≥0.5
5	水泥水玻璃浆		0.1~0.5	1~25			耐一般酸、碱侵蚀	影响甚微	≥0.5
6	水玻璃浆		0.1~0.3	0.2~6.0				基本无影响	≥0.5
7	丙凝			0.4~0.6(凝胶体)			有一定毒性	有一定影响	≥0.5
8	木质素浆			0.65~2.45				有一定影响	≥0.5
9	PM型浆	3.29	3.29	4.4~11.2					0.3~1.5(2.0)
10	SPM型浆	2.0	2.0	<1.0	6.5~7.6(抗拉)				0.3~1.5(2.0)
11	甲凝	2~2.8	1.7~2.2	70~80		$(0.29\sim0.32)\times10^4$	耐弱酸、碱、盐侵蚀		0.1~0.5
12	丙烯酸盐浆			0.21~0.46			耐弱酸、碱侵蚀		
13	普通环氧浆	1.7~2.0	1.7~1.9	80~100		$(0.28\sim0.42)\times10^4$	耐强酸、碱侵蚀	有一定影响	0.3~1.5(2.0)
14	低温水下环氧浆			73.3		0.29×10^4	耐强酸、碱侵蚀	无影响	0.3~1.5(2.0)
15	CW系环氧浆	2.2~2.4	2.0~3.4	47.8~72.2		2.0(抗拉强度)			0.01~0.20
16	中化-798环氧浆	1.08~1.14	0.84~1.02	38.6~85.7	7.7~32.7(抗剪)	$(0.46\sim0.63)\times10^4$			0.01~0.20
17	弹性聚氨酯浆			24~63	1.4~3.1(拉断)		有一定毒性		
18	KH-3(中化-798-Ⅲ)	5.5~6.7	4.3~5.3	60~80	20~40(抗剪)	10~20(抗拉强度) $(0.1\sim0.8)\times10^4$			0.01~0.10

注：1.括号中数据表示处理缝宽常用界定尺寸。
2.PM型浆为非水溶性聚酯浆。
3.SPM型浆为水溶性聚酯浆。

（7）在选择裂缝内部封堵材料时,应以先水泥浆、后化学浆作为选择次序。

三、防护修补材料初选

本书将针对寒区自然环境特点,依照选用新型研发产品、引进其他行业使用广泛且效果良好的材料和目前水利行业应用较为成熟的材料这三个方面的思路,筛选了1种界面剂和5种表面防护修补材料。

（一）HK-G-2型界面剂

该界面剂是以环氧树脂为基本原料,加入一定数量的化学助剂和填料,经过科学配制而成,可以作为其他表面防护材料的界面黏结剂。该界面剂首次被引进到辽宁省水利水电枢纽工程上应用。

（二）硅烷浸渍剂

硅烷浸渍剂为小分子结构,可渗透到混凝土内部与暴露在酸性或碱性环境中的空气及混凝土内部水分子发生化学反应,形成憎水保护层,从而抑制水分进入到基层中。硅烷浸渍技术首先在欧美发达国家得到了成功的实践应用,但多数是应用于道桥、码头、机场等混凝土结构的防水防腐工程中,水利水电枢纽工程的混凝土结构并未引进使用。我国在2000年后相继将硅烷浸渍处理技术纳入海港工程、公路混凝土工程、铁路混凝土工程的防腐规范中。近些年,硅烷浸渍技术被引进到了水利水电枢纽工程中,作为防水、防氯离子侵蚀和防止冻融破坏的措施。

（三）甲基丙烯酸甲酯（MMA）

MMA防水涂料是由甲基丙烯酸甲酯（MMA）和引发剂、增塑剂等合成的高分子聚合物,其黏度小且可以通过聚合度的控制进行调整,适宜于细裂纹的修复与修补。该材料多应用于民用建筑、路桥等工程的细裂缝修补和防水工程中,在水利水电工程中的应用较少。目前,随着高分子聚合技术的发展,有些科研院校进行了在MMA中加入改性剂来提高材料性能的研究,相信MMA修补材料在水利水电工程中的应用也将会不断增多。

（四）HK-966和HK-988

由杭州国电大坝安全工程有限公司研制出的HK-966弹性涂料是一种由环氧改性的双组分弹性密封材料,材料中的环氧基团赋予材料良好的黏结性能,而弹性的聚氨酯成分提供了优良的抗冲磨及抗老化性能;HK-988属于慢固化脂肪族聚脲类涂料,通过改变活性基团的反应活性,延长了涂料的可操作时间,保留了聚脲材料的高强度、高弹性、耐低温、抗紫外线等特点,具有更强的黏结效果,该材料可作为混凝土保护涂层使用,使混凝土具有抗冰冻、抗紫外线、抗冲磨的效果。

HK-966和HK-988的适用性与聚脲类似,但是材料的化学物理性能有所差异。HK-966已经在全国多个水利工程中进行了应用,HK-988是杭州国电大坝安全工程有限公司新研发的产品,这2种材料均未在寒区水工混凝土修补中使用过。

（五）SK手刮聚脲

由中国水利水电科学研究院研发出的SK手刮聚脲由含多异氰酸酯-NCO的高分子预聚体（简称A组分）与经封端的多元胺（简称B组分）混合,并加入其他功能性助剂所组成,被视为一种新型无溶剂、无污染的绿色涂料,因其优异的防水、防腐、防冲磨的物理力学性能及适用性,在全国各类水利水电工程的大坝、电站、水闸、隧洞、溢洪道等水工混凝土建筑物中得到广泛的应用。

第二节　防护修补材料关键性能试验研究

将第一节筛选出的1种界面剂和5种表面防护修补材料,即HK-G-2型界面剂、硅烷浸渍剂、甲基丙烯酸甲酯(MMA)防水涂料、HK-966和HK-988弹性涂料、SK手刮聚脲,分别进行室内关键性能试验研究,为寒区水工混凝土病害缺陷防护修补工程应用提供借鉴和参考。

一、HK-G-2型界面剂

(一)功能机制

水利水电工程的施工环境复杂,建筑物混凝土多长期处于浸水饱和或潮湿状态,而且存在混凝土表面施工质量差等因素,极大地影响表面修补材料与混凝土基面的黏结性能。因此,在进行表面防护处理时,保证表面修补材料与混凝土基底界面形成良好的施工黏结状态尤为重要。

HK-G-2低黏度环氧材料具有黏度低、渗透性好、强度高、操作方便等特点,该浆液材料具有亲水性,对潮湿基面的亲和力好,作为界面剂不仅与潮湿混凝土面具有良好的黏结性能,而且在未固化前与表面防护材料也有一定黏结强度。

(二)材料基本性能

HK-G-2型界面剂由杭州国电大坝安全工程有限公司提供,该材料作为HK-966和HK-988的界面剂已在水利水电工程中有所应用,该界面剂和混凝土基面的黏结强度高,黏度小,凝固时间可在数小时至数十小时之间调节,施工可控性好。浆液的主要性能指标见表4-4。

表4-4　HK-G-2型界面剂主要性能指标(参照JC/T 1041—2007标准)

项目		指标
浆液密度(g/cm³)		1.05±0.05
浆液初始黏度(mPa·s)		≤30
可操作时间(min)		≥180
本体抗压强度(MPa)		≥60
本体抗拉强度(MPa)		≥10
黏结强度(MPa)	干黏结	≥3.0
	湿黏结	≥2.0

(三)HK-G-2型界面剂与潮湿混凝土基面的黏结性能试验

1.试验依据

试验采用碳纤维黏结强度检测仪测定其与潮湿混凝土基面的黏结强度。检测仪测定方法参照《碳纤维片材加固修复混凝土结构技术规程》附录B章节进行。

2.试件制备

试验采用的试件为 100 mm×100 mm×400 mm 的混凝土试块。取试件一矩形面,用钻芯取样试验机切入混凝土 10~15 mm,预切缝宽约 2 mm,一面钻取 4 处,钻头尺寸为 ϕ 5 cm。然后将混凝土试块用钢刷打毛刷净,放在水中浸泡 24 h 以上。

HK-G-2 型界面剂为双组分,将 A、B 组分按 1∶5 的比例均匀混合即可。

3.试验过程

(1)将试件从水中取出,擦去混凝土表面浮水,然后涂刷界面剂,再晾置一段时间,待界面剂具有较合适的稠度后,将拉拔头钢块黏结在预切块上。

(2)在室温下养护,根据不同的时间间隔,采用检测仪进行黏结强度测定,见图 4-1 和图 4-2。

图 4-1　测定 HK-G-2 型界面剂黏结强度试验

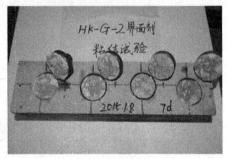

图 4-2　HK-G-2 型界面剂在养护 3 d、7 d 后与混凝土黏结强度

4.试验结果及分析

本次试验为了研究 HK-G-2 型界面剂的工程适用性,分别测定在潮湿混凝土面涂覆 HK-G-2 型界面剂 1 d、3 d、5 d、7 d 后的黏结强度,以确定该界面剂与潮湿混凝土间黏结强度的增长过程和达到一定黏结强度所需要的时间。试验结果见表 4-5。

表 4-5　HK-G-2 型界面剂与潮湿混凝土间黏结试验结果

测试龄期(d)	黏结强度(MPa)	界面破坏情况
1	1.05	基本上是界面剂涂层破坏
3	2.98	界面剂渗入混凝土中,几乎全部混凝土面破坏
5	3.65	界面剂渗入混凝土中,全部混凝土面破坏,破坏面较深
7	3.76	界面剂渗入混凝土中,全部混凝土面破坏,破坏面较深

从试验结果看,HK-G-2型界面剂与潮湿混凝土间的黏结性能较好,随着养护时间的增加,黏结强度也逐渐增加,5 d后强度增长幅度有所减弱。由于界面剂早期黏度小,亲水性强,涂抹于混凝土表面后部分浆液渗入到混凝土中,大幅提高了界面剂与混凝土间的黏结强度。5 d后的黏结强度达到3.65 MPa,可以很好地满足工程应用的需要。

(四)K-G-2型界面剂涂刷后涂刮表面防护材料的黏结性能试验

1.试验依据

本试验采用HK-G-2型界面剂黏结性能试验相同的试验仪器及相应规程,分别测定界面剂涂刷后不同时间间隔涂刮表面防护材料的黏结强度,探究界面剂与表面防护材料间的合理施工时间间隔。

2.试件制备

试验采用的试件为100 mm×100 mm×400 mm的混凝土试块。界面剂按照给定比例混合均匀。

3.试验过程

(1)将达到龄期的试件从水中取出,擦去表面浮水。

(2)将HK-G-2型界面剂分别涂抹于不同试件上。

(3)根据界面剂特性选择不同时间间隔涂覆表面防护材料。

(4)分别养护7 d、14 d测定黏结强度(黏结强度采用碳纤维黏结强度检测仪的测定方法检测)。

4.试验结果及分析

本次试验分别测定了界面剂涂覆后不同时间间隔涂刮表面防护材料的黏结强度,根据厂家提供的界面剂表干时间和实干时间,本次试验需用6~8 h和18~20 h两个时间间隔进行试验。界面剂的表干时间和实干时间与环境气温和配合比有很大的关系,在具体试验或施工过程中,要具体情况具体分析选择。试验结果见表4-6。

表4-6　HK-G-2型界面剂试验结果

表面防护材料	间隔时间(h)	测试龄期(d)	黏结强度(MPa)	界面破坏情况
聚脲	6~8	7	1.63	80%界面剂与聚脲涂层间破坏
		14	2.26	60%界面剂与聚脲涂层间破坏,40%混凝土面破坏
	18~20	7	0.68	100%界面剂与聚脲涂层间破坏
		14	1.23	基本上是界面剂与聚脲涂层间破坏
HK-988	6~8	7	1.48	20%混凝土面破坏,80%界面剂与HK-988涂层间破坏
		14	2.12	35%混凝土面破坏,65%界面剂与HK-988涂层间破坏
	18~20	7	0.69	100%界面剂与HK-988涂层间破坏
		14	1.13	基本上是界面剂与HK-988涂层间破坏
HK-966	6~8	7	1.82	20%混凝土面破坏,80%界面剂与HK-966涂层间破坏
		14	2.30	60%混凝土面破坏,40%界面剂与HK-966涂层间破坏
	18~20	7	0.79	100%界面剂与HK-966涂层间破坏
		14	1.25	100%界面剂与HK-966涂层间破坏

从试验结果看,7 d 龄期的黏结强度普遍较小,在实际工程中应该加以注意,避免提前投入运行造成修补质量问题。界面剂涂覆后随着涂刮表面防护材料的时间间隔延长,其黏结强度呈下降趋势。这种趋势可能有两方面的原因:其一,界面剂在刚刚表干处于黏稠状态时,表面可能存在活性基团能够与表面防护材料发生反应,从而提高了黏结强度;随着时间延长,界面剂逐渐固化,其表面活性基团的活性减弱,导致其与表面防护材料的反应难以进行,随之黏结强度就会下降。从试验破坏面的情况看,HK-G-2 型界面剂与修补材料的黏结强度相对较小,还有待于进一步改进。其二,可能是界面剂暴露在空气中的时间越长,受潮气、灰尘等因素的影响就越大,导致其与表面防护材料的黏结性能就会下降。因此,在实际施工时,应根据现场实际的环境,依照界面剂的特性,合理调整涂刮表面防护材料的时间间隔,以确保达到最佳的应用效果。

二、硅烷浸渍剂

(一) 防水机制

硅烷渗入到混凝土内部后,在碱性物质激发下能与混凝土内的水分发生水解反应,水解反应过程生成带有 3 个羟基的活性硅醇,邻近的硅醇分子可以起交联反应;然后,硅醇在混凝土及其毛细管孔隙的表面与羟基(来源于水泥中所含硅酸三钙和硅酸二钙不断水化时产生的氢氧化钙)反应,形成不稳定的硅醇键,从而以化学键合方式相连,在混凝土表面和毛细管孔隙表面上形成憎水性的反应层,并起到一定的防水作用。硅烷浸渍混凝土表面防水作用机制见图 4-3。

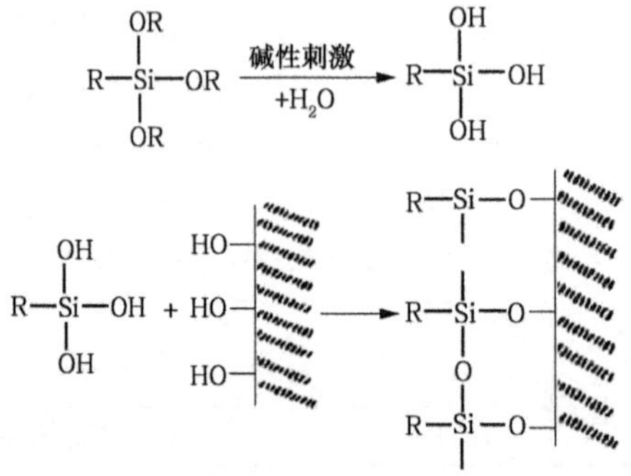

图 4-3　硅烷浸渍混凝土表面防水作用机制

(二)试验浸渍方法

1.混凝土试件表面处理

混凝土试件拆模后,若表面存在蜂窝、麻面等缺陷,需用水泥浆进行修补平整;养护 7 d 后,用钢丝刷对混凝土基材表面进行清理,除去油污、灰尘、碎屑等有害物质,并用清水冲洗干净,然后放入混凝土标准养护室养护。混凝土试件达到要求的养护龄期后,取出清洗干净,在室温下晾干,确保混凝土试件表面为面干状态。涂刷硅烷浸渍剂要求修补混凝土养护龄期不少于 14 d,新浸渍处理混凝土养护龄期不少于 28 d。

2.浸渍方法

膏体状硅烷浸渍剂虽然有良好的施工适用性,尤其对立面和天花板面施工时不会出现流失,但是若采用更加科学合理的施工涂刷方法,不仅可以保证涂刷质量,还可以减少浪费。当涂刷面为立面时,应自下向上均匀涂刷,保证被涂面浸渍饱和并开始出现溢流的状态,保持被涂面至少5 s"看上去是湿的镜面"状态。当试验试样的顶面为被涂面时,用毛刷在被涂面上多次重复均匀地涂刷,使被涂表面浸渍饱和,也要保持被涂面至少5 s"看上去是湿的镜面"状态。硅烷浸渍施工方法一般采用刷涂两遍的形式,如果被保护的混凝土基面在水位变动区,或者比较重要的区域,可以多涂刷几次,适当增加涂覆量,涂覆用量依照厂家推荐用量而定,两遍之间的间隔时间至少为6 h。硅烷浸渍施工方法见图4-4。

(a)　　　　　　　　　　　　　　　　(b)

图4-4　硅烷浸渍施工方法

(三)材料基本性能

根据常见提供的材质单,硅烷浸渍剂基本性能特性见表4-7。

表4-7　硅烷浸渍剂基本性能特性

序　号	项　目		技术指标
1	外观		白色膏体
2	成分		无溶剂异辛基三乙氧基硅烷
3	浸渍深度	≤C45 混凝土	3~4 mm
		>C45 混凝土	2~3 mm
4	吸水率		≤0.01 mm/min

由吸水试验得出硅烷溶液的吸收量和渗透深度与时间的平方根呈线性关系,将这一关系称为时间开方定律。

(四)混凝土表面硅烷浸渍后抗渗性能试验

1.试验依据

本试验根据《水工混凝土试验规程》(SL 352—2006)中混凝土相对渗透性试验的内容进行。本次试验抗渗试件较密实,试验水压为1.2 MPa,试验时间为24 h。

2.试验材料

(1)抗渗试件采用混凝土标准抗渗试模(规格为上口直径175 mm、下口直径185 mm、高150 mm的截头圆锥体)在辽宁某水利工程施工现场浇筑成型,共6块。拆模后,用钢丝刷刷去两端面的水泥砂浆,然后在混凝土标准养护室养护 28 d 以上。混凝土抗渗试件配合比见表 4-8。

表 4-8　混凝土抗渗试件配合比

组成材料	水泥	粉煤灰	细骨料	粗骨料		水	聚羧酸高性能减水剂
				5~20 mm	20~40 mm		
用量(kg/m³)	298	83	705	529	529	153	4.14

(2)试验对照组材料选用邦德牌 K01 透明防水渗透剂,空白组不涂抹任何材料。

3.试验过程

(1)从混凝土标准养护室取出试件,室温下自然风干 72 h,确保试件为干燥状态。

(2)采用本节所述浸渍办法,2 块试件涂刷硅烷浸渍剂,涂覆量为 400 g/m²,2 块试件涂刷透明防水渗透剂,涂覆量为 200 g/m²,均涂刷 2 遍,时间间隔为 24 h,剩下 2 块试件不做处理。

(3)第二遍涂抹完成后,在室温下养护 14 d。

(4)按照《水工混凝土试验规程》(SL 352—2006)的要求,将 6 组试件安装到抗渗仪试验台上,将抗渗仪水压力一次加到 1.2 MPa,在此压力下恒定 24 h,见图 4-5。

图 4-5　硅烷浸渍混凝土抗渗试验

(5)恒压 24 h 后,用压力机将试件劈开,将劈开面底边 10 等分,在各等分点处量出渗水高度,以平均值作为渗水高度,见图 4-6。

4.试验结果及分析

从试件劈开面上看,浸渍硅烷的试件渗水高度连线成一条不规则的线条,浸渍防水渗透剂的渗水高度连线成一条中间略有凸起的曲线,不做任何处理的试件渗水高度连线曲线成抛物线型。具体如图 4-6(b)所示。

试验取 10 个等分点处渗水高度平均值作为试验结果值,具体见表 4-9。

表 4-9　相对渗透性试验渗水高度值

组别	硅烷组	防水剂组	空白组
高度(mm)	4.5	18.6	49.2

       (a)   (b)

图 4-6　硅烷浸渍混凝土渗水高度试验

以渗水高度为纵坐标,以组别为横坐标作图,如图 4-7 所示。

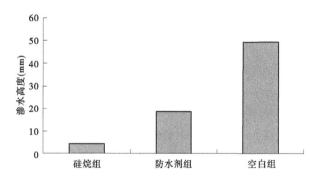

图 4-7　相对渗透性试验渗水高度

渗透性试验结果表明,浸渍硅烷后的混凝土试件在 1.2 MPa 恒压 24 h 后,渗水高度为 4.5 mm 左右,渗水高度几乎和硅烷浸渍的深度相同。可以看出,硅烷浸渍混凝土后在其内部形成的一道憎水保护层,可以有效地阻挡水的渗入。

(五)混凝土表面硅烷浸渍后抗冻性能试验

1.试验依据

本试验根据《水工混凝土试验规程》(SL 352—2006)中混凝土抗冻性试验的内容进行。试验仪器为混凝土快冻试验台(HTD-B 型)。

2.试件制备

混凝土耐久性能不仅与混凝土的强度有关,而且与混凝土的骨料组成、孔隙率等因素有关。本次试验采用不同配合比的 2 种混凝土试件进行,主要检验孔隙率、密实情况不同混凝土基材浸渍硅烷后抗冻性能的提高效果。混凝土试件配合比见表 4-10。

表 4-10　混凝土试件配合比

组成材料		水泥	细骨料	粗骨料	水	引气减水剂
用量(kg/m³)	A 组	285	763	1 054	220	—
	B 组	427	726	1 089	175	18

3.试验过程

(1)混凝土试件在标准养护室养护 28 d 后,置于室温下自然风干 72 h,确保试件为干燥状态。

(2)采用本节所述浸渍办法,对试件 6 个面全部涂抹,涂覆量为 400 g/m²,涂刷 2 遍,时间间隔为 24 h。

(3)第二遍涂抹完成后,在室温下养护 14 d。

(4)按照《水工混凝土试验规程》(SL 352—2006)要求,将试件放置于混凝土快冻试验台进行试验,并按时测定质量和自振频率,见图 4-8。

图 4-8　混凝土冻融循环后质量和自振频率测试

4.试验结果及分析

试验结果评定要求为:相对动弹性模量下降至初始值的 60% 或质量损失率达到 5% 时,即可认为试件已破坏。根据《水工混凝土试验规程》(SL 352—2006)第 4.23 节混凝土抗冻性试验的内容,相对动弹性模量按式(4-1)计算,质量损失率按式(4-2)计算,均以 3 个试件试验结果的平均值为测定值。

$$P_n = \frac{f_n^2}{f_0^2} \times 100\% \tag{4-1}$$

式中:P_n 为 n 次冻融循环后试件的相对动弹性模量(%);f_n 为试件冻融 n 次循环后的自振频率,Hz;f_0 为试件冻融循环前的自振频率,Hz。

$$W_n = \frac{G_0 - G_n}{G_n} \times 100\% \tag{4-2}$$

式中:W_n 为 n 次冻融循环后试件的质量损失率(%);G_n 为 n 次冻融循环后的试件质量,g;G_0 为冻融循环前的试件质量,g。

试验中 A 组和 B 组基准混凝土试件和硅烷浸渍后的混凝土试件抗冻性试验结果见表 4-11 和图 4-9。

表 4-11　硅烷浸渍混凝土试件抗冻性试验结果

冻融循环次数	试件编号	相对动弹性模量（%）		质量损失率（%）	
		基准试件	硅烷浸渍试件	基准试件	硅烷浸渍试件
0	A 组	100	100	0	0
	B 组	100	100	0	0
25	A 组	84.8	94.6	−0.2	−0.2
	B 组	97.1	98.8	0	0
50	A 组	51.2	81.3	1.1	−0.4
	B 组	95.1	98.1	0	0
75	A 组	—	73.3	6.5	−0.4
	B 组	94.4	97.6	0	0
100	A 组	—	62.4	—	0.6
	B 组	93.3	97.3	0	0
125	A 组	—	49.4	—	1.2
	B 组	92.3	96.9	0	0
150	A 组	—	—	—	4.2
	B 组	91.7	96.5	0	0
175	A 组	—	—	—	—
	B 组	90.1	96.3	−0.05	0
200	A 组	—	—	—	—
	B 组	89.2	96.0	−0.05	0
225	A 组	—	—	—	—
	B 组	88.6	95.8	−0.05	0
250	A 组	—	—	—	—
	B 组	87.8	95.5	0.1	0
275	A 组	—	—	—	—
	B 组	80.7	95.2	0.1	0
300	A 组	—	—	—	—
	B 组	75.1	94.9	0.3	−0.05
325	A 组	—	—	—	—
	B 组	70.5	93.5	0.3	−0.05
350	A 组	—	—	—	—
	B 组	65.1	92.8	0.3	−0.05

续表 4-11

冻融循环次数	试件编号	相对动弹性模量(%)		质量损失率(%)	
		基准试件	硅烷浸渍试件	基准试件	硅烷浸渍试件
375	A 组	—	—	—	—
	B 组	58.6	91.2	0.6	−0.05
400	A 组	—	—	—	—
	B 组	—	89.1	1.1	−0.05

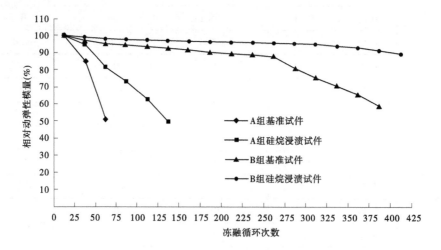

图 4-9　不同冻融循环次数基准和硅烷浸渍混凝土的相对动弹性模量变化

试验结果表明,在混凝土表面浸渍硅烷浸渍剂以后,混凝土耐冻融循环次数至少提高50 次以上,其质量随着冻融次数的增多,先有所增加,随后便开始大幅减少,同时混凝土随之剥蚀破坏。

以 B 组试验为例,基准混凝土试件与硅烷浸渍后混凝土试件 350 次冻融循环后表面状态如图 4-10 所示。通过基准试件和硅烷浸渍后试件的对比,可见在混凝土表面浸渍硅烷浸渍剂后对混凝土的抗冻性能有大幅度的提高。

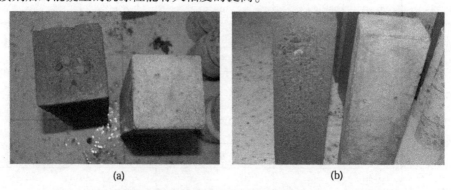

图 4-10　冻融循环后基准混凝土试件和硅烷浸渍混凝土试件表面变化

本次试验 A 组试件强度低,密实程度差,而 B 组试件强度高,密实程度高,从试验结果看,B 组试件硅烷浸渍后大幅度提高了混凝土的抗冻性能。硅烷浸渍剂能够提高混凝土的抗冻性能,主要原因是硅烷渗入混凝土内部后,能够形成一道憎水层,从而阻挡或降低水分的渗入,有效提高了混凝土的冻融循环次数。从试验结果来看,憎水层的阻水效果与混凝土本身的致密程度密切相关,混凝土本身的致密性好,孔隙率小,形成的憎水层就相对致密,憎水效果就好;若混凝土本身密实程度差,孔隙率大,尽管硅烷渗透深度可以相对增大,但是硅烷形成的憎水层的致密程度也会相对减弱,水分还是可以通过大的孔隙渗入混凝土内部,以致不能大幅提高混凝土的抗冻性能。

三、甲基丙烯酸甲酯(MMA)防水涂料

(一)防护机制
MMA 防水涂料是融合了高性能甲基丙烯酸甲酯(MMA)树脂的弹性防水涂料,是由甲基丙烯酸甲酯(MMA)和固化剂组成的高分子聚合物。其黏度小,能够自行渗入微细裂缝和孔隙中,并且在混凝土表面形成一道高强度薄膜,不仅可以阻挡水分的渗入,而且对混凝土表面起到了很好的封闭防护作用。

(二)材料基本性能
本次试验产品从广州秀珀化工股份有限公司购买,该公司提供产品的基本性能见表 4-12。

表 4-12 MMA 防水涂料的基本性能

项目	技术指标	检验标准
表干时间(min)	15~25	GB/T 16777
实干时间(min)	30~45	GB/T 16777
邵氏硬度(D)	≥50	GB/T 2411
拉伸强度(MPa)	≥9.0	GB/T 16777
断裂伸长率(%)	≥130	GB/T 16777
不透水性	0.5 MPa,24 h,不透水	GB/T 16777

该涂料可在常温或低温下迅速固化成为具有优异耐磨、耐腐蚀的高耐久性无缝涂膜,固化后形成的高硬度膜具有杰出的湿热稳定性和抗紫外线性能。

(三)MMA 防水涂料黏结强度试验
1.试验依据
试验参照日本工业标准 JISA6024,以抗折强度作为黏结强度指标。
2.试件制备
水泥砂浆试件成型为 40 mm×40 mm×160 mm 的棱柱体。其配合比见表 4-13。

表 4-13 水泥砂浆试件配合比

组成材料	水泥	标准砂	水
用量(g)(每锅)	450±2	1 350±5	225±1

试件成型后 24 h 脱模,然后放入装满水的盒中在标准养护箱(温度(20±2)℃、湿度 95%±5%)内养护 28 d 以上。本次试验的 MMA 修补材料由 A、B、H 三种组分组成,分别按 A：B：H＝100：100：6、A：B：H＝100：100：10、A：B：H＝100：100：14 三种不同的配合比进行试验。

3.试验过程

(1)将养护 28 d 以上的砂浆试件从标准养护箱中取出,在室温下晾干,随后用抗折试验机将试件折断。

(2)将试验机上折断的砂浆试件按照原样拼接在一起,然后用胶带在砂浆试件断裂处包裹密封固定,封闭之前要在断裂面间预留出 3 mm 左右的缝隙。

(3)裂隙内灌浆前用小刀把试件注浆面的胶带划开,然后将配制好的不同配合比的 MMA 修补材料从开口处注入缝隙中,晾置 20 min 后,对未满的裂缝再次填补直至饱满。

(4)在常温下分别养护 7 d 和 14 d,然后在砂浆抗折试验机上分别测定其抗折强度,并观察断裂面情况,见图 4-11。

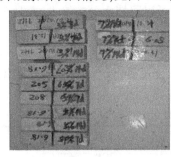

图 4-11　MMA 修补材料黏结强度试验

4.试验结果及分析

本试验黏结强度用水泥砂浆抗折强度指标表示,水泥砂浆抗折强度按照《聚合物改性水泥砂浆试验规程》(DL/T 5126—2001)中砂浆抗折强度试验所述公式计算：

$$R_f = \frac{1.5F_fL}{b^3} \tag{4-3}$$

式中：F_f 为折断时施加于棱柱体中部的荷载,N；L 为支撑圆柱之间的距离,mm；b 为棱柱体正方形截面的边长,mm。

通过试验测得不同配合比 MMA 修补材料黏结试验结果,见表 4-14。

表 4-14　不同配合比 MMA 修补材料黏结强度试验

编号	养护温度(℃)	A：B：H 配合比	黏结强度(MPa)	
			7 d	14 d
1	10~15	100：100：6	5.4	5.9
2	10~15	100：100：10	4.9	5.5
3	10~15	100：100：14	4.2	5.0

从试验结果可以看出,MMA 修补材料 3 种组分的配合比为 A：B：H＝100：100：6时,黏结强度最大。随着 H 组分掺量的增多,虽然 MMA 修补材料的固化时间有所减少,但黏结强度也在逐渐降低。探究出现这种现象的原因,还需要对 A、B 及 H 三种组分之间的化学反应机制进行研究。在今后现场施工配合比时,一定要严格按照材料的配合比进行操作,否则会影响修补质量。

(四) MMA 防水涂料抗冻性能试验

1.试验依据

本试验根据本节抗冻试验方案,并按照《水工混凝土试验规程》(SL 352—2006)中混凝土抗冻性试验的内容进行。试验仪器为混凝土快冻试验台(HTD−B)。

2.试件制备

按照《水工混凝土试验规程》(SL 352—2006)制作标准抗冻试件,尺寸为 100 mm×100 mm×400 mm 的棱柱体,试件配合比见表 4-15。

表 4-15 混凝土抗冻试件配合比

组成材料	水泥	细骨料	粗骨料	水	引气减水剂
用量(kg/m³)	370	155	730	1 005	0.8%

在标准养护室养护 28 d 后,选一个较平整的面,用钢刷打磨除去表面灰浆、杂物、油渍等,在室温下晾干,然后将三种不同配合比的 MMA 修补材料均匀涂抹于试件表面,每种配合比的材料涂抹 2 块,每块涂抹 2 遍,厚度 2~3 mm,时间间隔 4 h,见图 4-12。

图 4-12 MMA 修补材料涂抹试件

3.试验过程

(1)将混凝土抗冻试件一矩形面打磨处理,晾干后将 MMA 修补材料直接涂覆在其表面,置于室温下养护 14 d。

(2)将 3 块分别涂抹不同配合比 MMA 修补材料的试件放入混凝土快冻试验台,进行 300 次冻融试验。

(3)对另 3 块用混凝土钻芯取样试验机钻透涂层并钻到混凝土内 10~15 mm,每面钻取 4 处,钻头尺寸为 ϕ 5 cm。

(4)将拉拔试验仪的试验铁块粘于钻好的 MMA 修补材料的表面;7 d 后,用拉拔试验仪检测 MMA 修补材料与混凝土的黏结强度。

（5）试件冻融300次后，采用（3）和（4）步骤的方法，检测MMA修补材料与混凝土面的黏结强度，见图4-13。

图4-13　MMA修补材料冻融试验

4.试验结果及分析

本次试验，对MMA修补材料涂覆面测定4个黏结强度值，然后取其平均值作为试验结果值。MMA修补材料冻融后与混凝土黏结强度值及破坏面情况见表4-16。

表4-16　MMA修补材料冻融后与混凝土黏结强度值及破坏面情况

配合比	冻融次数	黏结强度值（MPa）	破坏面情况
100∶100∶6	0	2.1	基本是MMA修补材料与混凝土面破坏
100∶100∶10	0	1.8	基本是MMA修补材料与混凝土面破坏
100∶100∶14	0	1.1	大部分修补材料与混凝土面破坏，偶尔出现材料撕裂现象
100∶100∶6	300	1.7	基本是MMA修补材料与混凝土面破坏（全面涂层）
100∶100∶10	300	—	涂层与混凝土基面脱落（单面涂层）
100∶100∶14	300	0.5	大部分修补材料与混凝土面破坏，部分出现材料撕裂现象（全面涂层）

试验结果表明，MMA修补材料随着配合比中H组分的增加，材料的表干固化时间稍微缩短，但黏结强度逐渐减小。当检测配合比为100∶100∶14时，部分材料本身被撕裂，韧性减小。当检测配合比为100∶100∶6时，黏结强度大于2.0 MPa，可以满足一定的工程需要。

冻融300次以后，对于单面涂覆试件，虽然从其余未涂覆材料的试件表面看，试件未出现冻融剥蚀破坏现象，但试验中配合比为100∶100∶10的材料涂层与混凝土基面已经脱落，失去黏结性。有可能在冻融循环过程中，混凝土表面受到冻融变化，影响了MMA材料与混凝土基面的黏结性。今后在采用该材料进行表面防护修补处理时可以考虑结合界面剂进行联合修补的方案，以提高修补效果。

四、HK-966和HK-988弹性涂料

（一）防护机制

HK-966是一种由环氧改性的双组分弹性密封材料，材料中弹性的聚氨酯成分，赋予

HK-966 良好的抗冲磨及耐老化性能,是材料可以被广泛用于水利工程并满足水流冲刷的重要因素;材料继承环氧的优良特性,其高黏度的环氧基团提供了良好的黏结性能,可以使材料与其他介质基面达到一定的黏结强度,保证材料与基面的结合,从而起到有效的防护作用。

HK-988 是属于慢固化脂肪族聚脲类涂料,通过改变活性基团的反应活性,延长了涂料的可操作时间,保留了聚脲材料的高强度、高弹性、耐低温、抗紫外线等特点,具有更强的黏结效果。

两种材料都可作为混凝土表面防护涂层使用,使混凝土具有抗冰冻、抗紫外线、抗冲磨的效果。

(二)材料基本性能

HK-966 和 HK-988 均从杭州国电大坝安全工程有限公司购买,HK-966 已经在国内多个水利水电工程中得到应用,HK-988 是最新研发的新产品,两种防护材料的部分基本性能由厂家提供。笔者也对其拉伸强度、扯断伸长率等基本性能做了相关试验,在下面的试验内容中将会给出。表 4-17 和表 4-18 分别为 HK-966 和 HK-988 的基本性能参数值。

表 4-17　HK-966 弹性涂料的基本性能指标

项目		指标	测试标准
外观	A 组分	浅黄色透明黏稠液体	
	B 组分	灰或黑色膏状体	
密度(g/cm³)		1.40±0.10	
失黏时间(h)		≤3	GB/T 13477.5—2002
不透水性		0.4 MPa,30 min,不透水	GB/T 16777—2008

表 4-18　HK-988 弹性涂料的基本性能指标

项目		指标	测试标准
外观	A 组分	浅黄色透明黏稠液体	
	B 组分	灰或黑色膏状体	
密度(g/cm³)		1.30±0.10	
失黏时间(h)		≤4	GB/T 13477.5—2002
不透水性		0.4 MPa,30 min,不透水	GB/T 16777—2008

(三)HK-966 和 HK-988 弹性涂料拉伸性能试验

1.试验依据

本试验按照《建筑防水涂料试验方法》(GB/T 16777—2008)的拉伸性能测定方法进行。

2.试件制备

试验模具为自制的塑钢矩形框模,以玻璃作底板,将厚 3 mm 的矩形塑钢框架黏结于玻璃上。试验前,将玻璃底板擦拭干净,并涂抹一层薄薄的蜡油,然后将涂料均匀地涂抹于框架内,分 3 次涂抹,每次时间间隔 6 h 以上。

在室温下养护 14 d 后,将固化的涂膜从框模中拆下,然后用专门的裁刀和裁片机冲切成 2 型哑铃状试样,试样在室温下再养护 7 d。哑铃状试样用裁刀尺寸见图 4-14 及表 4-16。

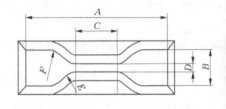

图 4-14　哑铃状试样及裁刀尺寸

表 4-19　哑铃状试样用裁刀尺寸

哑铃状 2 型	A 总长度	B 端部宽度	C 狭窄部分长度	D 狭窄部分宽度	E 外侧过渡边半径	F 内侧过渡边半径
尺寸(mm)	75	12.5±1.0	25.0±1.0	4.0±0.1	8.0±0.5	12.5±1.0

3.试验过程

(1)将养护 21 d 的试样 3 块一组进行编号。

(2)用测厚计在试验长度的中部和两端测量厚度,取 3 个测量值的中位数计算横截面面积,3 个厚度值都不应大于厚度中位数的 2%,测量值精确到 0.05 mm。

(3)试验时,要将试样对称地夹在拉力试验机的夹具上,并配置伸长率测定装置(见图 4-15),在试验过程中,拉力机夹具的移动速度设定为 300 mm/min。

(4)记录试验结果,并计算。

图 4-15　HK-966、HK-988 试样拉伸性能试验

4.试验结果及分析

HK-966 和 HK-988 均按照此试验内容进行测试,各取 3 组试样试验。拉伸强度按照《建筑防水涂料试验方法》(GB/T 16777—2008)中 9.3.1 节的公式计算;扯断伸长率按照该规范 9.3.2 节的公式计算。

$$T_{\text{L}} = P/(B \times D) \tag{4-4}$$

式中：T_{L} 为拉伸强度，MPa；P 为最大拉力，N；B 为试件中间部分宽度，mm；D 为试件厚度，mm。

$$E = (L_1 - L_0)/L_0 \times 100\% \tag{4-5}$$

式中：E 为扯断伸长率(%)；L_0 为试件起始标线间距，取 25 mm；L_1 为试件断裂时标线间距，mm。

HK-966 和 HK-988 拉伸强度(计算结果精确到 0.01 MPa)和扯断伸长率(计算结果精确到 1%)结果见表 4-20。

表 4-20 HK-966 和 HK-988 弹性涂料的拉伸试验结果

试验材料	组号	拉伸强度(MPa)	平均值(MPa)	扯断伸长率(%)	平均值(%)
HK-966	1	7.63		156	
	2	6.77	7.18	146	152
	3	7.13		154	
HK-988	1	13.47		251	
	2	13.73	13.51	262	257
	3	13.33		259	

从试验结果看，HK-988 的拉伸强度约是 HK-966 的 1.9 倍，但是其扯断伸长率相对却较小。通过观察两种材料的切口断面，HK-988 试样比 HK-966 试样致密，但是 HK-988 较硬，韧性小。今后对 HK-988 弹性涂料的研究应该在提高其柔韧性方面多下工夫。

试验过程中发现，两种试样断裂口都是首先出现在截面有气泡等瑕疵的部位，建议在今后的工程施工中应该特别注意材料的涂抹过程，要均匀涂抹并采取薄涂的方式，尽量把气泡排出，避免出现气泡等瑕疵影响材料的整体性和力学性能。同时应该注意，涂抹间隔时间不宜过久，而且下一遍涂抹前一定要把前一涂层面清理干净，以免影响涂层间的结合。

(四) HK-966 和 HK-988 弹性涂料耐湿热老化性能试验

1.试验依据

根据国内学者的研究发现，采用 80 ℃，7 d 恒温水浴测试方法能快速检测出建筑结构胶的耐湿热老化性能，而且这种快速测试的方法和国际标准测试方法的结果基本一致，两种测试方法的测定值误差不大于 1.5%。本次试验采用此方法，在 80 ℃恒温水浴箱中将试样放置 7 d 后测试其拉伸强度和扯断伸长率。

2.试件制备

本试验的两种材料试样的制备与拉伸试验的制备养护方法一样。

3.试验过程

(1)将养护 21 d 的 HK-966 和 HK-988 哑铃状试样分别装在 2 个铜丝网格小篓中，然后放入 80 ℃恒温水浴箱中 7 d。

(2)7 d 后，分别将试样取出，擦洗干净。

（3）按照拉伸试验操作步骤进行拉伸试验。

4.试验结果及分析

80 ℃恒温水浴 7 d 后,HK-966 弹性涂料试样表面观察没有任何变化,而 HK-988 弹性涂料试样恒温水浴后发生变形胶黏在了一起,同时发现试样表面出现粗糙、空洞等现象。具体见图 4-16(a)。

恒温水浴过程中由于 HK-988 弹性涂料试样变形胶黏在一起,最后只找到 6 块比较完整的试样进行了拉伸性能试验。试样个数满足本试验相关规范规定的试样数量的要求,可以作为试验结果。HK-966 和 HK-988 弹性涂料湿热老化处理后拉伸试验结果见表 4-21。2 种材料的拉伸强度变化曲线见图 4-16(b)。

表 4-21　HK-966 和 HK-988 弹性涂料耐湿热老化试验结果

试验材料	组号	拉伸强度(MPa)	平均值	扯断伸长率(%)	平均值
HK-966	1	7.70	7.57	87	88
	2	7.33		88	
	3	7.67		90	
HK-988	1	6.03	5.95	353	356
	2	5.87		358	

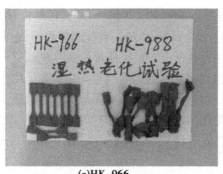
(a)HK-966

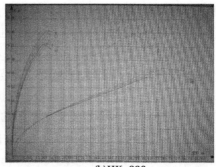
(b)HK-988

图 4-16　HK-966 和 HK-988 弹性涂料恒温水浴试验

从试验结果看,HK-966 弹性涂料的扯断伸长率大幅下降,而拉伸强度却略微有所增加,对于该结果暂时未找到合理的解释。在下一个阶段会进一步进行试验,延长水浴时间,缩短测试间隔,来观测其性能变化;并对本次试验的结果重新给出结果,提出解释。HK-988 弹性涂料的拉伸强度大打折扣,降幅达到 56.0%,然而其扯断伸长率的增长却达到 38.5%。HK-988 弹性涂料在恒温水浴过程中,其内部分子结构是如何变化的还需要进一步的研究。

(五)HK-966 和 HK-988 弹性涂料抗冻性能试验

1.试验依据

本试验根据《水工混凝土试验规程》(SL 352—2006)中混凝土抗冻性试验的内容进行。试验仪器为混凝土快冻试验台(HTD-B)。

2.试件制备

按照《水工混凝土试验规程》(SL 352—2006)制作标准抗冻试件,尺寸为 100 mm× 100 mm×400 mm 的棱柱体。在标准养护室养护 28 d 后,用钢刷打磨除去表面灰浆、杂物、油渍等,在室温下晾干。HK-966 和 HK-988 每种分成抗冻组和对照组,抗冻组试件全部涂覆,对照组只涂覆一个面。每块试件在涂抹材料前都涂覆一层界面剂,材料涂刮 3 遍,厚度为 2~3 mm,时间间隔为 6 h。

3.试验过程

(1)将涂刮 HK-966 和 HK-988 弹性涂料的试件放在室温下,养护 21 d。

(2)达到龄期后,将抗冻组试件放入混凝土快冻试验台,进行 300 次冻融试验。

(3)对照组试件用混凝土钻芯取样试验机钻透涂层并钻到混凝土内 10~15 mm。每面钻取 4 处,钻头尺寸为 ϕ 5 cm。

(4)然后将拉拔试验仪的试验铁块粘于对照组钻好的 HK-966 和 HK-988 弹性涂料的表面;7 d 后,用拉拔试验仪检测材料与混凝土的黏结强度。

(5)抗冻组试件冻融 300 次以后,采用(3)和(4)步骤的方法,检测 HK-966 和 HK-988 弹性涂料与混凝土面的黏结强度,见图 4-17。

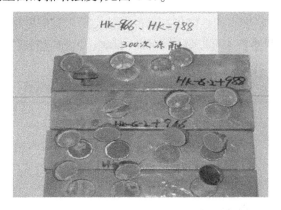

图 4-17　HK-966 和 HK-988 冻融循环后黏结试验

4.试验结果及分析

本试验中,每块试件都测取 4 个黏结强度值,然后求得平均值作为试验结果值。试验结果及破坏面情况见表 4-22。

表 4-22　HK-966 和 HK-988 弹性涂料冻融前后与混凝土黏结强度及破坏面情况

材料类型	冻融次数	黏结强度值（MPa）	破坏面情况
HK-966	0	2.36	基本上在界面剂与修补涂层间破坏
	300	1.98	大部分在界面剂与修补涂层间破坏,小部分在混凝土面破坏
HK-988	0	2.17	基本上在界面剂与修补涂层间破坏
	300	2.11	基本上在界面剂与修补涂层间破坏

本试验试件采用 HK-966、HK-988 完全包覆的形式,试件经过 300 次冻融破坏后,均

未出现涂层破坏的现象,说明冻融破坏对材料本身的影响较小;材料与混凝土间的黏结强度降低相对较少,可见涂层结构未受破坏,有效地阻止了水分的渗入,避免了混凝土的冻融破坏。

从试验结果可以看出,HK-966 相对 HK-988 的黏结强度下降幅度较大,一个可能的原因是,HK-966 涂层的致密程度比 HK-988 差,在冻融循环过程中,涂层未能有效地保护混凝土试件而导致混凝土表面受到轻微的冻融循环影响,从而降低了涂层与混凝土间的黏结性能。

五、SK 手刮聚脲

(一)防护机制

单组分聚脲由含异氰酸酯—NCO 的高分子预聚体与经封端的多元胺(包括氨基聚醚),并加入其他功能性助剂所组成。在无水状态下,体系稳定,一旦开桶施工,在空气中水分的作用下,迅速产生多元胺,多元胺迅速与异氰酸酯—NCO 反应,形成单组分聚脲。

(二)材料基本性能

SK 手刮聚脲的基本性能是根据中国水利水电科学研究院的孙志恒教授经过相关试验研究提供的。SK 手刮聚脲的性能指标可以根据实际工程需要进行调整,拉伸强度可以调到 15~25 MPa、扯断伸长率可以调到 200%~500%,但相应的成本会增加。其基本性能见表4-23。

表 4-23　SK 手刮聚脲基本物理力学性能指标

序号	项目	指标
1	比重(25 ℃时)	1.10±0.05
2	黏度(MPa·s)	≥3 000
3	表干时间(h)	≤4
4	低温弯折性(℃)	≤-45
5	邵式硬度(D)	≥60
6	不透水性,2.0 MPa,2 h	不透水

对于 SK 手刮聚脲抗冲磨性能的研究,中国水利水电科学研究院结构材料研究所的吴怀国教授也做了相关试验,结果表明,SK 手刮聚脲抗冲磨性能优良,能够很好地满足工程要求。

(三)SK 手刮聚脲拉伸性能试验

1.试验依据

SK 手刮聚脲已经在全国很多水利工程中得到应用,同时总结出一些提高材料强度的方法。本次试验依照目前很多工程涂覆聚脲涂料时,在聚脲夹层中铺设胎基布来起到加筋作用的案例为依据进行试验,来验证铺设胎基布对聚脲拉伸强度的作用,并且依照《建筑防水涂料试验方法》(GB/T 16777—2008)的拉伸性能测定方法进行试验。

2.试件制备

试验模具为自制的塑钢矩形框模,以玻璃作底板,将厚 3 mm 的矩形塑钢框架黏结于玻璃上。试验前,将玻璃底板擦拭干净,并涂抹一层薄薄的蜡油,然后将涂料均匀地涂抹于框架内,分 3 次涂抹,涂抹完第一遍,待聚脲略微固化黏稠后,将胎基布平铺在上面接着涂覆第二遍,再隔 6 h 以上后,涂覆第三遍,见图 4-18。

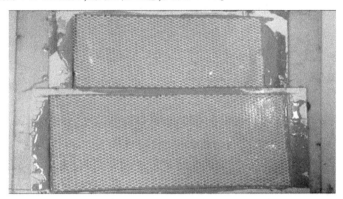

图 4-18　SK 手刮聚脲夹层铺设胎基布

在室温下养护 14 d 后,将固化的涂膜从框模中拆下,然后用专门的裁刀切成 3 种不同规格的试样,分别为 2 型哑铃状和 10 mm×100 mm、30 mm×100 mm、50 mm×150 mm 的 3 种条形试样,试样在室温下再养护 7 d。

3.试验过程

试验过程与 HK-966 和 HK-988 的试验过程一致。试样厚度要以 3 个不同位置的平均值为最终值;试样要均匀夹在上下夹具上,并且要保证试样为垂直状态,避免受力不均出现误差;拉伸过程速度要缓慢均匀,不可手动随意调整速度,见图 4-19。

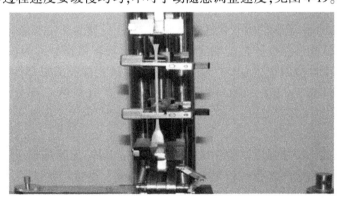

图 4-19　SK 手刮聚脲拉伸强度试验

4.试验结果及分析

试验拉伸强度按照式(4-4)计算,扯断伸长率按照式(4-5)计算。拉伸强度(计算结果精确到 0.01 MPa)和扯断伸长率(计算结果精确到 1%)结果见表 4-24。

表 4-24 SK 手刮聚脲夹层铺设胎基布后拉伸强度及扯断伸长率值

试样类型	试样尺寸(宽×厚)	拉伸强度(MPa)	扯断伸长率(%)
2 型哑铃状(含胎基布)	4 mm×2 mm	8.95	99
10 mm×100 mm	10 mm×2 mm	14.91	—
30 mm×100 mm	30 mm×2 mm	82.45	—
50 mm×150 mm	50 mm×2 mm	102.13	—
70 mm×150 mm	70 mm×2 mm	105.89	—
2 型哑铃状(无胎基布)	4 mm×2 mm	15.82	286

从试验结果看,含胎基布的聚脲试样宽度的不同会影响试样的拉伸试验结果。聚脲按照相关试验规程制成 2 型哑铃状试样测得的拉伸强度值可以作为材料本身的拉伸强度指标。从试验结果可以看出,本次试验聚脲的拉伸强度值为 15.82 MPa。同样,2 型哑铃状试样内含胎基布拉伸强度值反而变小很多,只有 8.95 MPa。采用长条状试样的试验结果可以看出,随着试样宽度的增加,聚脲的拉伸强度也逐渐增加,达到一定宽度时拉伸强度的增长速度会逐渐减小。由此可以看出,在聚脲中铺设胎基布确实可以大幅度提高其拉伸强度。

试验用胎基布为菱形网格状,网格边长 4 mm,当试样宽度小时,裁切过程可能损坏了胎基布的完整性,再者试样中铺设胎基布后导致聚脲未能达到标准的 2 mm 厚度,因此试验结果会出现铺设胎基布后试样拉伸强度减弱的现象。这就提醒人们在实际施工过程中,要注意胎基布的完整性和适用宽度,以便更好地提高聚脲的修补效果。

(四)SK 手刮聚脲耐老化性能试验

1.试验依据

本试验对 SK 手刮聚脲的耐老化性能试验有 2 项,一项为热空气老化试验,另一项为臭氧老化试验。试验参照橡胶性能测定的方法,试验规程依据分别为《硫化橡胶或热塑橡胶拉伸应力应变性能测定》(GB/T 528—2009)和《硫化橡胶或热塑性橡胶耐臭氧龟裂静态拉伸试验》(GB/T 7762—2003)以及《高分子防水材料第二部分 止水带》(GB/T 18173.2—2000)。

2.试样制备

试样制备方法与拉伸强度试验中试样制备的方法一样,无胎基布,厚度约 2 mm,在室温下养护 14 d 后,热空气老化试验用专门的裁刀切成 2 型哑铃状试样,臭氧老化试验裁切成 10 mm×100 mm 尺寸规格的长条状试样。

进行耐臭氧龟裂静态拉伸试验,需先把试样固定在专门的试架上,并将试样拉伸至伸长率为 15%的状态,见图 4-20。

3.试验过程

(1)将养护 21 d 的试样 3 块一组进行编号。

(2)用测厚计在试验长度的中部和两端测量厚度,取 3 个测量值的中位数计算横截面积,3 个厚度值都不应大于厚度中位数的 2%,测量值精确到 0.05 mm。

图4-20 SK手刮聚脲耐臭氧龟裂静态拉伸试验

(3)分别在热空气试验箱和臭氧试验箱中放入6组试样,分别在350 h、720 h、1 080 h时观察试样表面状态和试样的拉伸强度指标。

4.试验结果及分析

1)SK手刮聚脲的热空气老化试验

热空气加速老化试验方法,是参照橡胶的试验方法,将聚脲试样悬挂固定在给定条件(如温度、风速等)的热老化试验箱内,根据聚脲的特点周期性地检查其外观状态并测定试样的拉伸性能变化,从而评定其耐热老化性的一种方法。分别在0 h、350 h、720 h、1 080 h时测定试样的抗拉强度指标值。试验结果见表4-25。

表4-25 SK手刮聚脲热空气(70 ℃)老化试验结果

老化时间(h)	拉伸强度(MPa)	拉伸强度性能变化率(%)	扯断伸长率(%)	扯断伸长率性能变化率(%)
0	15.82	0	286	0
350	17.34	10	253	−11
720	18.99	9	251	−1
1 080	18.81	−1	231	−8

从试验结果看,SK手刮聚脲随老化试验时间的延长,其拉伸强度先有所提高,而后逐渐趋于平缓,最后有下降趋势。出现此类现象可能的一种解释是,聚脲试样在70 ℃热空气中强度不但没有受到影响反而在逐步提高,随着时间的推移,强度达到一定值后,热空气对其影响逐渐增大,导致其拉伸强度开始出现下降的趋势。另外,聚脲试样的扯断伸长率却没有出现拉伸强度类似的规律,而是一直趋于减小,对于这种现象目前未能给出合理的解释。

从整个试验情况来看,本试验的老化试验时间还有必要继续延长,聚脲的热空气老化性能还有待于进一步试验来研究其老化破坏机制及其规律性。

2)SK手刮聚脲的臭氧老化试验

臭氧是橡胶产生龟裂的主要原因,由于聚脲涂膜状态与橡胶制品较相似,利用臭氧老化箱模拟和强化大气中的臭氧条件,研究臭氧对聚脲涂膜的作用规律,对于研究聚脲的老化性能具有积极的意义。本试验就是采用臭氧老化箱进行相同试验来研究臭氧对聚脲材料的作用规律。臭氧老化箱内温度(40±2)℃,臭氧浓度 50 ppm,臭氧老化时间分别在 0 h、350 h、720 h、1 080 h 时测定试样的抗拉强度指标。试验结果见表 4-26。

表 4-26　SK 手刮聚脲臭氧老化试验结果

老化时间(h)	拉伸强度(MPa)	性能变化率(%)
0	16.35	0
350	19.69	2
720	19.70	—
1 080	19.65	—

老化试验 1 055 h 后,固定在模架上,伸长率为 15% 的试样表面仍光滑平整没有出现微小裂纹。从各个时间段试样拉伸强度结果看,350 h 后聚脲的拉伸强度有所提高,之后,直到 1 080 h 后其拉伸强度值保持稳定,未出现下降的趋势。由此可以看出,短时间内臭氧对聚脲强度的影响很小。臭氧对聚脲材料的影响规律还需要进一步的试验研究。

(五)SK 手刮聚脲抗冻性能试验

1.试验依据

本试验根据《水工混凝土试验规程》(SL 352—2006)中混凝土抗冻性试验的内容进行。试验仪器为混凝土快冻试验台(HTD-B)。

2.试件制备

按照《水工混凝土试验规程》(SL 352—2006)制作标准抗冻试件,尺寸为 100 mm×100 mm×400 mm 的棱柱体,试件配合比见表 4-12。在标准养护室养护 28 d 后,用钢丝刷打磨除去表面灰浆、杂物、油渍等,在室温下晾干,2 块涂抹 1 个矩形面,1 块 6 个面全部涂抹。每块试件在涂抹材料前都涂覆一层界面剂,材料涂刮 3 遍,厚度为 2~3 mm,时间间隔为 6 h。

3.试验过程

(1)将涂敷 SK 手刮聚脲的试件放在室温下养护 21 d。

(2)达到龄期后,将 1 块单面涂覆试件和 1 块全部涂覆试件放入混凝土快冻试验台,进行 300 次冻融试验。

(3)对另外 1 块单面涂覆试件用混凝土钻芯取样试验机钻透涂层并钻到混凝土内 10~15 mm。每面钻取 4 处,钻头尺寸为 φ5 cm。

(4)将拉拔试验仪的试验铁块粘于钻好的聚脲表面;7 d 后,用拉拔试验仪检测材料与混凝土的黏结强度。

(5)进行抗冻试验的 2 块试件冻融 300 次以后,采用步骤(3)和(4)的方法,检测 SK 手刮聚脲与混凝土面的黏结强度。

4.试验结果及分析

经过 300 次冻融试验后,未涂抹 SK 手刮聚脲的混凝土试件表面出现剥蚀、麻面现象,而 SK 手刮聚脲涂层没有出现破坏现象,只是表面触摸手感变得轻微粗糙,冻融循环后的黏结试验如图 4-21 所示。SK 手刮聚脲冻融前后与混凝土黏结强度及破坏情况见表 4-27。

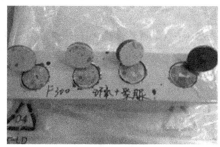

(a) 全涂聚脲试件　　　　　　　　　　(b) 一面涂聚脲试件

图 4-21　SK 手刮聚脲冻融循环后黏结试验

表 4-27　SK 手刮聚脲冻融前后与混凝土黏结强度及破坏面情况

材料涂覆类型	冻融次数	黏结强度值（MPa）	破坏面情况
单面	0	2.27	基本在界面剂与聚脲材料间破坏
单面	300	0.62	85%界面剂与混凝土间破坏,15%混凝土面破坏
全部涂覆	300	2.05	基本在界面剂与聚脲材料间破坏

从试验结果看,聚脲全敷的试件经过 300 次冻融破坏后,材料与混凝土间的黏结强度降低较少,仍然可以满足一定的工程需要。单面涂覆聚脲的试件,材料与混凝土间的黏结强度却大幅下降,随着混凝土的破坏界面也相应破坏。

在黏结强度测定过程中,未出现聚脲涂层的破坏现象,说明冻融破坏对聚脲材料本身的影响较小。全面涂覆聚脲的试件,材料与混凝土间的黏结强度下降很少,说明聚脲涂层未破坏,有效地阻止了水分的渗入,避免了混凝土的冻融破坏。

第三节　防护修补材料性能综合分析

在实际工程实践中,水工混凝土建筑物防护修补材料的选择和施工工艺设计至关重要,直接影响到工程防护修补的效果。本节首先根据本章第二节 5 种表面防护修补材料的关键性能试验结果,从 7 个方面对表面防护修补材料的性能特点进行了对比;从国内常用的内部封堵材料中筛选出 7 种材料进行了 4 方面性能对比。从而提出不同材料在不同工况环境中的适用性,并总结出各组合的性能特点及施工适用性,得到最终优选材料,为开展寒区水工混凝土建筑物的防护修补实践提供有效的参考指导。

一、表面防护材料性能对比

（一）耐老化性

本试验分别对 HK-966、HK-988 和 SK 手刮聚脲的耐久性能做了试验研究,根据材料的特点和试验条件,3 种材料的试验方法虽有所差别,但仍可以为工程方案设计和因地适宜地选取材料提供了参考。具体试验结果对照情况见表 4-28。

表4-28　HK-966、HK-988和SK手刮聚脲耐久性能对照

材料名称	试验方法	试验结果
HK-966	恒温水浴法	7 d后,HK-966弹性涂料试样表面无变化,但扯断伸长率大幅下降
HK-988	恒温水浴法	7 d后,HK-988弹性涂料试样胶黏在一起,试样出现变形、粗糙、空洞等现象,拉伸强度大幅下降
SK手刮聚脲	臭氧老化法	老化试验1 080 h后,表面仍光整无变化,拉伸强度未受大的影响
	热空气法	老化试验1 080 h后,表面仍光整无变化,拉伸强度开始出现下降的趋势

根据试验结果,在对经常出现酷热天气地区的水工混凝土表面防护修补时,尤其直接暴露在烈日下的水工混凝土表面,要尽量避免使用HK-988弹性涂料,或者防护修补方案设计前做现场试验,来确定材料是否可以满足要求,以确保修补效果。

(二)抗冻性能

对于寒区,季节温差和昼夜温差大,临水或潮湿的混凝土结构很容易发生冻融破坏。根据HK-966弹性涂料、HK-988弹性涂料、SK手刮聚脲、MMA防水涂料以及硅烷浸渍剂等材料抗冻性能试验,了解其适应性,以便在确定不同水工混凝土建筑物防护修补方案时,有针对性地选用材料,具有重要的参考价值。具体试验结果对照情况见表4-29。

表4-29　5种试验材料的抗冻性能对照

材料名称	涂覆后状态	300次冻融循环后情况
HK-966	表面形成一定厚度涂层	冻融循环试验后涂层无损伤,与混凝土的黏结强度为1.98 MPa,涂层全部包裹混凝土试件试验
HK-988	表面形成一定厚度涂层	冻融循环试验后涂层无损伤,与混凝土基面的黏结强度为2.11 MPa,涂层全部包裹混凝土试件试验
SK手刮聚脲	表面形成一定厚度涂层	冻融循环试验后涂层无损伤,与混凝土基面的黏结强度为2.05 MPa,涂层全部包裹混凝土试件试验
MMA防水涂料	表面形成一定厚度涂层	冻融循环试验后涂层无损伤,与混凝土基面的黏结强度为1.7 MPa,涂层全部包裹混凝土试件试验
硅烷浸渍剂	表面无变化	混凝土的抗冻融循环次数至少可以提高50次

通过对比可以看出,硅烷浸渍剂对于提高混凝土的抗冻性能较明显,对于预防和保护混凝土面免受冻融破坏具有良好的作用。其余4种材料涂刷于混凝土表面,能够形成一定厚度的涂层,可以用于封堵裂缝表面,也可以涂刷于易冲刷、空蚀面形成致密的保护层,但是这4种材料与混凝土基面的结合在冻融过程中容易受到破坏。在冻融循环破坏过程中,HK-988和聚脲材料与混凝土基面的黏结强度相对较高。在今后防护修补方案设计中,可以进行组合式修补,在裂缝、冲磨、空蚀等病害缺陷集中的区域采用性能相对优异的材料,其余部位采用其他材料来提高修补效果。

(三)抗冲磨性能

结合工程实际应用情况,总结了4种表面防护修补材料的抗冲磨性能(见表4-30)。

表4-30　4种试验材料的抗冲磨性能对照

材料名称	涂覆后状态	抗冲磨性能
HK-966	表面形成一定厚度涂层	良好,适用于一般耐磨区域
HK-988	表面形成一定厚度涂层	不好,材料在环境发生变化时,常常发黏
SK 手刮聚脲	表面形成一定厚度涂层	良好,适用于耐磨高发区域
MMA 防水涂料	表面形成一定厚度涂层	良好,适用于一般耐磨区域

由表4-30可知,在4种材料中,SK 手刮聚脲材料的抗冲磨性最好,HK-966 和 MMA 防水涂料的抗冲磨性良好,但是在极高速水流冲刷的区域大规模使用这两种材料的案例尚未见报道,在辽宁省水利工程中曾使用了 HK-966 材料作为水闸溢流面的表面防护涂层,但应用部位的水流速度为 2 m/s。HK-988 材料属于厂家开发升级产品,从目前的试验结果来看,因为材料产生了粘连,暂时不适合用于抗冲磨防护。

（四）表面密封性能

根据试验和实际工程应用,总结了5种防护修补材料的密封性能,见表4-31。

表4-31　5种试验材料的密封性能对照

材料名称	涂覆后状态	封闭机制与效果
HK-966	表面形成一定厚度涂层	致密涂层封闭,封闭及防水效果良好
HK-988	表面形成一定厚度涂层	致密涂层封闭,效果一般,但是温度变化时,材料状态有变化,发黏,高温时,恢复流淌性能
SK 手刮聚脲	表面形成一定厚度涂层	致密涂层封闭,封闭及防水效果良好
MMA 防水涂料	表面形成一定厚度涂层	致密涂层封闭,封闭及防水效果良好
硅烷浸渍剂	表面无变化	渗透性结晶封闭,具有单向透气性,防水效果良好

由表4-31可知,5种材料的封闭性均较好,其中,SK 手刮聚脲、HK-966、MMA 防水涂料均具有极佳的封闭作用,适用于表面防护。硅烷浸渍剂作用机制为渗透性结晶封闭,具有单向透气性;HK-988 施工后也能形成致密涂层封闭效果,但是当温度有变化时,材料状态变得发黏,在高温时,恢复流淌性能。

（五）施工操作性

HK-966、HK-988 和 MMA 防水涂料都属于双组分材料,使用前必须按照规定的比例混合均匀,并且在规定时间内使用完毕。所以,此类双组分材料要根据修补面的大小控制好用量,否则容易造成浪费。

SK 手刮聚脲为单组分,施工中无须现场配合,避免了施工中因配合比选用不当而造成质量缺陷,涂刮过程中无须采用专门的施工设备,可以分层涂刮施工,保证涂层的均匀性,有效提高工程的施工质量。

硅烷浸渍剂为单组分膏体状材料,施工方便灵活,可以采用刷涂、滚涂等施工方法,特别适用于垂直立面和天花板面的施工,由于不流淌,减少了流失损失,而且不改变建筑物原有外观状态。

(六)经济性

在实际工程中,由于工程投资有限,如果单一追求性能优良、价格昂贵的材料或者采用性能相对较差的产品,都有可能造成修补区域缩减或材料性能不能满足工程要求等工程质量问题。因此,如何合理分配投资成本,并达到工程修补要求,就需要对材料进行合理的选择,制定最优修补材料组合方式。这里列出目前5种表面防护修补材料的市场价格(见表4-32),可根据工程投资进行参考选择。

表4-32　5种表面防护修补材料的市场价格

材料名称	单价(元/kg)	供货厂家
硅烷浸渍剂	160	瓦克化学中国有限公司
MMA防水涂料	50	广州秀珀化工股份有限公司
HK-966	60	杭州国电大坝安全工程有限公司
HK-988	75	杭州国电大坝安全工程有限公司
SK手刮聚脲	120	中水科海利水利工程有限公司

硅烷浸渍剂用量一般为$400 \sim 600 \text{ g/m}^2$,其他4种材料的用量一般为$2.5 \sim 3.0 \text{ kg/m}^2$,根据现场工程情况可以增加用量来确保修补质量,也可以根据工程实际情况进行材料组合使用,以达到方案经济合理、投资小的目的。例如,在水工混凝土临水面或水位变动区的裂缝,采用窄条状表面修补材料防护和周边涂刷硅烷浸渍剂的组合修补形式,不仅可以预防因混凝土冻融剥蚀而导致裂缝表面防护材料与混凝土面的黏结性能失效,而且可以节约成本。

(七)环保性

HK-966、HK-988、SK手刮聚脲、MMA防水涂料以及硅烷浸渍剂在施工过程中均有刺鼻性气味,但材料固化实干后刺鼻的气味都会消失,成膜后的材料是否具有毒性,还需要专业的检测部门鉴定。5种试验材料具体的环保状况见表4-33。

表4-33　5种试验材料具体的环保状况

材料名称		物理特性	气味及毒性
HK-966	A组分	浅黄色透明黏稠液体	刺鼻的气味,无毒
	B组分	灰色膏状体	略带气味,无毒
HK-988	A组分	浅黄色透明黏稠液体	刺鼻的气味,无毒
	B组分	灰色膏状体	略带气味,无毒
SK手刮聚脲		灰色黏稠液体	轻微刺鼻的气味,无毒
MMA防水涂料	A、B组分	浅黄色黏稠液体	浓烈的刺鼻气味,挥发的溶剂有毒
	H组分	白色粉末颗粒状	无味,无毒
硅烷浸渍剂		白色膏体状	略带气味,无毒

　　SK手刮聚脲属于无溶剂的绿色涂料,可用于饮水工程。其他部分材料中混合一定比例的溶剂,这些挥发的溶剂物质对人体有害,在施工过程中工作人员要佩戴好防毒面具,做好预防措施。待固化成膜后是否还会长时间含有对人体有害的物质,还需要经过严格的检验才可以应用到饮水工程中。

二、内部封堵材料性能对比

　　从表4-2中筛选出实际工程中常用的、具有良好的施工性能的亲水性、亲油性、氰凝、环氧类、水玻璃等7种主要内部封堵材料,从关键性能、环保性、耐久性、适用性等4方面进行了对比分析(见表4-34),总结出这些材料的共性与区别。由表4-34可知,亲水性和亲油性的聚氨酯类灌浆材料比较适合应用于大规模化学灌浆止水工程;而氰凝材料刺激性气味较大,环氧类材料脆性较大,不适应裂缝开度变化,水玻璃材料耐久性不足,因此后几种材料在实际工程中应用越来越受限制。

表 4-34　7种内部封堵材料的性能对比

序号	材料名称	规格型号	关键性能	环保性	耐久性	适用性
1	油溶性聚氨酯浆材	DH-510 疏水性单液型 PU 发泡堵漏剂	膨胀速度较快,止水效果良好	一般	良好	快速止水
2	水溶性聚氨酯浆材	DH-500 亲水性单液型 PU 发泡堵漏剂	膨胀速度较慢,止水效果良好	良好	良好	快速止水
3		HW 水性聚氨酯灌浆材料	膨胀速度依据配合比而变,止水效果良好	良好	良好	快速止水
4		LW 水性聚氨酯灌浆材料	膨胀速度依据配合比而变,止水效果良好	良好	良好	快速止水
5	氰凝	SKH-2 型	膨胀速度较快,止水效果良好	不好,有刺激性气味	一般	快速止水,不常用
6	环氧类灌浆料	HK-G 环氧灌浆材料	膨胀量很小,脆性大,止水效果良好	良好	良好	快速止水,补强
7	水玻璃	—	膨胀量不大,止水效果良好	一般	一般	快速止水,不常用

三、材料优选

　　综上所述,通过对5种表面防护修补材料(硅烷浸渍剂、MMA、HK-966、HK-988和SK手刮聚脲)以及7种内部处理材料(DH-510疏水性和DH-500亲水性单液型PU发泡堵漏剂、HW和LW水性聚氨酯灌浆材料、氰凝、环氧类灌浆料、水玻璃)性能对比,确定寒区水工混凝土主要缺陷的防护修补材料优选顺序,见表 4-35。

表 4-35 寒区水工混凝土主要缺陷的防护修补材料优选顺序

序号	缺陷类型	防护修补材料优选	
		表面防护修补材料(规格型号)	内部处理材料(规格型号)
1	≥0.2 mm 裂缝	SK 手刮聚脲、HK-966	HW 和 LW 水性聚氨酯灌浆材料
	<0.2 mm 裂缝	硅烷浸渍剂、SK 手刮聚脲、MMA	环氧类灌浆料、HW 水性聚氨酯灌浆材料
	伸缩缝	SK 手刮聚脲、HK-966	HW 和 LW 水性聚氨酯灌浆材料
2	渗漏	SK 手刮聚脲、HK-966	DH-510 疏水性单液型 PU 发泡堵漏剂
3	剥蚀	SK 手刮聚脲、MMA	HK-G 环氧灌浆材料、水玻璃
4	碳化	硅烷浸渍剂、SK 手刮聚脲、HK-966	—

第五章　防护修补工艺研究

通过对防护修补方案进行优化比选,确定最优防护修补方案,对提高工程防护修补质量具有重要的意义。本章根据近几年来辽宁省水利水电科学研究院在水工混凝土结构缺陷防护修补处理中积累的经验,对其防护修补施工工艺设计和方法进行了总结梳理,从而可以对已有材料修补效果和工艺设计思路进行考察和思索,为今后其他材料的应用和施工工艺设计提供更好的参考,不断促进寒区水工混凝土病害缺陷防护修补技术的发展。

第一节　裂缝防护修补工艺

一、裂缝防护修补的对象

混凝土结构裂缝防护修补,重点对以下三类裂缝进行处理。

（一）表面裂缝防护修补

表面裂缝一般对结构强度无影响,但影响抗冲耐蚀或容易引起钢筋侵蚀的干缩缝、沉陷缝、温度缝和施工缝都需要进行防护修补。

一般防护修补的方法有以下 5 类:

(1)表面涂抹。即用水泥浆、水泥砂浆、防水快凝砂浆、环氧基液或环氧砂浆等涂抹在裂缝部位的混凝土表面,涂抹前需对混凝土面凿毛,并尽可能使糙面平整。

(2)表面粘补。即用胶黏剂把橡皮、氯丁胶片、塑料带、玻璃布或紫铜片等止水材料粘贴在裂缝部位。

(3)凿槽嵌补。即沿裂缝凿一深 4~6 cm 的 V 形、U 形或 W 形槽,槽内嵌填环氧砂浆、预缩砂浆(干硬性砂浆)、沥青油膏、沥青砂浆、沥青麻丝或聚氯乙烯胶泥等防水材料,当嵌填沥青材料或胶泥时,表层要用水泥砂浆、预缩砂浆或环氧砂浆封面保护。

(4)喷浆修补。即在经凿毛处理的裂缝部位喷射一层密实且强度高的水泥砂浆保护层。根据裂缝所在部位、性质和修补要求及条件,可分别采用无筋素喷浆、挂网喷浆结合凿槽嵌补等处理方法。

(5)加防渗层。即在产生多条裂缝的上游面普遍加做浇筑式沥青砂浆或沥青防渗层,或加做涂抹式环氧树脂防渗层或喷浆防渗层。

（二）深层裂缝防护修补

此法适用于对结构强度有影响或裂缝内渗透压力影响建筑物稳定的沉降缝、应力缝、温度缝和施工缝。常用的处理方法是灌浆,也有沿裂缝面抽槽回填混凝土的。当裂缝宽度大于 0.5 mm 时,可采用水泥灌浆;当裂缝宽度小于 0.5 mm 时,多采用化学灌浆;对于渗透流速较大或受温度变化影响的裂缝,不论其开度如何,均宜采用化学灌浆处理。

(三)裂缝综合防护修补

此法适用于严重影响结构强度或可能影响建筑物整体稳定与安全的裂缝。修补方法是除对裂缝本身进行表面或内部处理外,还要骑缝加混凝土三角形塞或圆形塞,或采取预应力锚固、灌浆锚杆、加箍、加撑或加大构件断面等加固措施,有时还要辅以排水减压措施。

在实际工程中,通常是采用多种方法相结合的方式,常见的是采用裂缝内部化学灌浆 + 外部表面防护的处理方式。

二、裂缝化学灌浆

根据裂缝成因分析及处理原则,对于伴有渗水的裂缝或者迎水面上的裂缝,不论其开度如何,必须先进行灌浆封堵处理;对于不渗水的裂缝,开口最大宽度 < 0.2 mm 的裂缝可以不进行内部灌浆而直接进行表面封堵处理,开口最大宽度≥0.2 mm 的裂缝须先进行内部灌浆,然后进行表面封堵、防护。

对于必须进行灌浆封堵的裂缝,开度 < 0.2 mm 且不适宜灌浆的,应采取化学材料缓慢渗透的方法进行封闭。

渗水(浸水)区域的裂缝灌浆材料应以遇水膨胀型材料为主,固结后的弹性体能够较好地填充裂缝内部空间,必要时还应采用深孔灌浆和多次补浆处理以达到完全密封的效果。

(一)裂缝灌浆工艺流程

化学灌浆施工的工艺流程的关键步骤为:查缝定位→布孔→压水、压气检查→安装灌浆嘴→灌注浆液→质量检查(压水检测、取芯检测)。其处理工艺示意图见图 5-1。

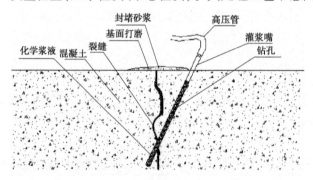

图 5-1　裂缝内部化学灌浆处理工艺示意图

(二)主要技术参数

孔径:14 mm;钻孔深度:30 ~ 50 cm;钻孔角度:最小 30°,最大 45°;钻孔间距:20 ~ 60 cm,现场根据注水效果在 20 ~ 60 cm 范围内选取合适间距;灌浆压力:最低 0.3 MPa,最高 0.5 MPa(裂缝内部压力);稳压时间:不少于 10 min,个别部位需要不少于 30 min。

(三)化学灌浆施工工艺技术要点

化学灌浆的主要工艺及处理技术要点如下:

(1)根据裂缝发生部位和情况,先确定裂缝类别,再检查裂缝的深度,根据裂缝检测情况及现场试验确定布孔方式和钻孔深度。

（2）裂缝表面和灌浆孔要采用高压（0.3 MPa）水流清洗，保持表面干净、新鲜、湿润。

（3）安装注浆嘴要深入钻孔内4 cm左右，并固定密实牢靠，采用密封圈与孔壁密贴，保证无空隙、不漏水。

（4）灌浆压力的选择，一般从建筑物结构形式、裂缝开度和裂缝分布范围，以及浆液的可灌性等几个方面综合考虑。当裂缝面积大、开度大可灌性好时，灌浆压力可以选择小一些，反之要大些。依据裂缝情况结合现场试验最大持续灌浆压力选用灌浆压力。

（5）浆液配制，根据温度、产品性能、浆液灌入量进行配浆，浆液要随配随用，配制浆液时，保持浆液温度在规定温度以下，以提高浆材可灌性。

三、表面防护处理

裂缝灌浆处理后，还需要进行裂缝表面的防护处理，以便更好地提高修补质量，恢复混凝土的使用性能，延长运行寿命。但是，在大多数情况下，混凝土裂缝及结构缝宽度会随着环境温度、荷载、干湿状态、不均匀升降、化学侵蚀等因素的作用而发生变化，因此其表面处理工艺和防护材料的选择尤为重要，应满足一定的要求，以达到预期的目标。

（一）表面防护处理工艺流程

表面防护处理施工工艺流程的关键步骤为：裂缝表面划线定位→裂缝区域打磨清理→涂层压边槽切凿→表面坑洞缺陷修补→裂缝表面粘贴隔离布→喷涂/刷涂弹性涂料界面剂→刷涂/刮涂弹性涂料→表干后持续刷涂增厚涂层（共计3~5道，至3 mm左右干膜厚，中间铺设胎基布）→涂层压边→质量检查及验收。其处理工艺示意图见图5-2。

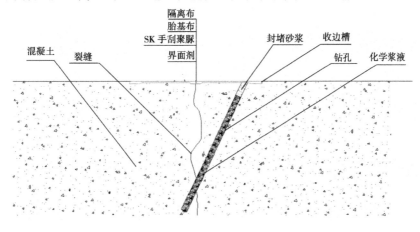

图5-2　裂缝表面防护处理工艺示意图

（二）主要技术参数

（1）表面防护修补材料固化后的涂膜平均厚度不小于2 mm，一般裂缝开口部位表面涂膜厚度为3~4 mm。

（2）涂刮宽度不小于20 cm，涂层边缘与裂缝缝口距离不小于10 cm。

（3）涂膜区域要进行打磨，打磨平均深度为2~2.5 mm，打磨后表面保持平整、干净。

（4）涂膜区域打磨成梯形时，下底内角要小于60°。

（三）表面防护处理各工序技术要点

1.混凝土表面处理

涂刮表面防护修补材料的混凝土区域存在影响裂缝修补施工的无用钢筋等埋件要进行割除，混凝土表面存在蜂窝、脱空、剥蚀等缺陷的，要先进行缺陷预处理。需要对混凝土表面进行凿毛处理时，凿毛深度要依据现场混凝土检测结果确定，一般为 20～30 mm，凿毛以露出新鲜混凝土面为宜，然后用高压水枪清洗干净。对于历经冻融变化、水位变化区域的裂缝要扩大防护范围，裂缝两侧防护宽度距裂缝拓宽为 50～100 cm。

2.刮涂表面防护修补材料

刮涂表面防护修补材料之前，要涂抹界面剂来提高材料与混凝土基面的黏结强度，界面剂要均匀薄涂，表干但未全面固化之前（以界面剂涂层与手部有少许粘连，但不完全粘手为宜）涂刮第一遍防护修补材料，略微固化黏稠后，将胎基布（宽 15 cm，起拉筋作用）用抹子轻轻按压在第一遍防护材料上面，保持胎基布上表面与涂料上表面齐平。接着涂刮第二、三、四遍等，要求在裂缝上表面中间部位涂刮固化后的涂层厚度保持在 3～4 mm。

3.收边处理

收边处理是保证修补质量的关键步骤。涂层区域打磨成梯形，不需要压边时，收边部位刮涂的防护修补材料必须填匀、填实，涂层与边缝外侧混凝土保持光滑过渡。相反，需要压边时，边槽涂膜厚度要达 2 mm 以上，然后采用黏结强度高的聚合物水泥砂浆填满三角形边槽，最后将三角形边槽砂浆涂覆再刮涂一层表面防护材料。

第二节　渗漏防护修补工艺

一、渗漏点导流、围堰

对于有明显渗水和明流出口的区域，应进行适当导流，临时性导流可以采用口径为 1 cm、2 cm、3 cm、5 cm 的软塑料管 + 渗流处封堵来引流，以保持工作面干燥可进行修补作业。永久性导流可以使用口径为 1 cm、2 cm、3 cm、5 cm 的软塑料管 + 渗流处封堵 + 其他材料回填 + 表面封堵来进行引流，塑料管的口径和外露长度依据现场条件确定。

在积水区域应设置小型围堰，使用潜水泵将积水排出，以保证工作区域干燥无明水，保证在施工中无水分浸湿待处理表面。

二、渗漏点化学灌浆

此节化学灌浆工艺方法、技术参数和第一节裂缝化学灌浆基本一样，但化学浆液须采用遇水膨胀型的聚氨酯柔性材料，使固结后的弹性体能够较好地填充裂缝内部空间。

结构缝的嵌缝材料一般为防渗材料，为避免其影响灌浆效果，灌浆孔的布置需采用结构缝两侧均匀布置的原则，其钻孔布置见图 5-3。

裂缝与结构缝交汇处的裂缝端部止水边界应该采用两种方法相结合的方式进行细部处理。

（1）对靠近结构缝的裂缝部位进行深层灌浆，处理工艺见图 5-4。

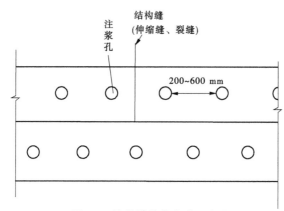

图 5-3 结构缝灌浆布孔示意图

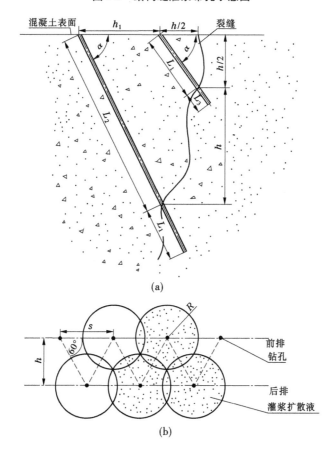

(a)

(b)

图 5-4 靠近结构缝部位的裂缝深层灌浆处理工艺示意图

（2）对交汇部位进行钻孔闭合止水处理,钻孔以到达分缝嵌填材料为止,处理工艺见图 5-5。

所有裂缝、结构缝等涉及延续工期和分阶段处理的端部必须进行端部止水细部处理,该细部处理的工艺与裂缝和结构缝交汇处止水细部处理相同。

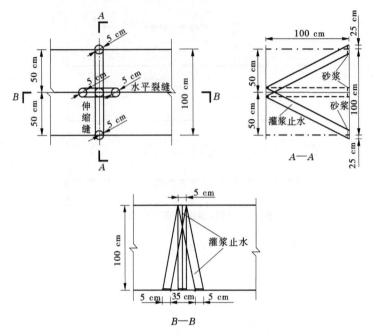

图 5-5 裂缝与结构缝交汇处止水处理工艺示意图

三、渗漏防护修补处理

(一)伸缩缝或裂缝渗水处理工艺设计

对于伸缩缝的处理,应该首先去除伸缩缝中破损失效的填充材料,用其他柔性填料重新填好,伸缩缝止水失效的部位应进行必要的灌浆和导流,其表面使用表面防护修补材料进行封闭,对于伸缩缝与裂缝以及伸缩缝与其他缺陷交汇的部位,应进行交汇处细部处理,同时应在伸缩缝和裂缝的表面处理之前进行其他缺陷的预处理。等到处理过的部位具备相应施工条件后再进行表面封闭、处理。采用化学灌浆 + GB 塑性材料 + 橡胶棒 + 聚合物砂浆 + 表面防护修补材料的方案进行处理。

GB 塑性材料 + 橡胶棒 + 局部位置填补砂浆的组合修补层作为表面防护修补材料与原有嵌缝材料的中间层,既对下部形成保护,同时能对上部表面防护修补材料提供骨料支撑。具体处理工艺见图 5-6。

结构缝表面防护修补处理技术要点与裂缝的表面防护修补处理技术要点基本一致。界面剂和表面防护修补材料的选择和施工工艺,根据材料特性和施工方法,结合裂缝表面处理的工艺方法进行合理选择。

(二)主要技术参数

结构缝表面需使用表面防护修补材料进行修补,伸缩缝内部要采用 GB 材料进行封堵的方法,固化后的表面防护修补材料涂膜平均厚度不小于 4 mm,涂刮宽度不小于 45 cm,涂层边缘与裂缝缝口距离不小于 20 cm。

结构缝表面防护修补材料处理需要结合裂缝与结构缝交汇处止水细部处理的工艺控制要点进行施工,结构缝与裂缝的表面防护修补材料涂层应该进行有效搭接处理,光滑过渡,避免引起冲蚀和空蚀破坏。

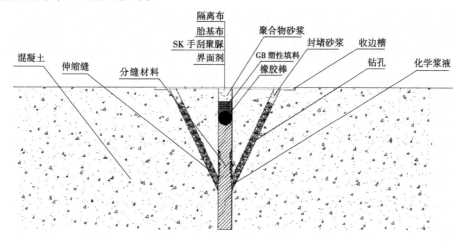

图 5-6 伸缩缝渗漏处理工艺示意图

第三节 剥蚀防护修补工艺

一、小面积混凝土剥蚀区域的处理

小面积剥蚀病害的处理主要采用聚合物砂浆进行回填加固修补,然后涂刷表面防护修补材料进行表面防护处理。对于水工混凝土表面裂缝附近出现冻融剥蚀、蜂窝、麻面、空蚀、钢筋锈蚀及鼓胀、冻胀破坏、局部缺失等病害缺陷的,对剥蚀区域处理的同时需要考虑裂缝的处理。小面积混凝土剥蚀区域的处理工艺见图5-7。

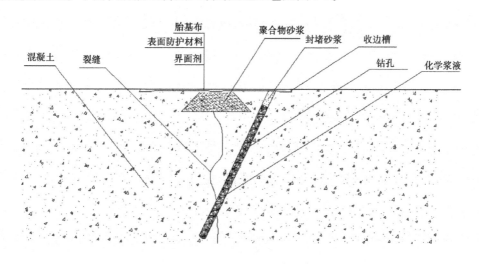

图 5-7 小面积混凝土剥蚀区域的处理工艺示意图

具体处理工艺如下。

(一)基面处理

首先对混凝土表面进行预处理,采用凿毛的形式清除表面剥蚀的混凝土杂物,凿毛深度要具体根据混凝土破损情况确定,要求外露新鲜混凝土。然后使用高压水枪将凿毛过的混凝土表面清洗干净。

(二)回填聚合物砂浆

若剥蚀区域存在裂缝,需要查明裂缝的类型及成因,如果裂缝开度大于 0.2 mm 或内有渗水情况,则需要进行化学灌浆封堵,然后涂刷界面剂和填覆聚合物砂浆。界面剂要涂刷均匀,在表干黏稠状后再填覆聚合物砂浆,砂浆回填要均匀,并且进行洒水养护。

(三)修补表面处理

在聚合物砂浆填覆修补后,为了避免聚合物砂浆受水流或者冰冻等自然破坏,提高修补的效果,在砂浆表面及周边一定区域进行表面防护处理。具体处理工艺依据裂缝表面防护处理的方式进行。

二、大面积混凝土剥蚀区域的处理

对于严重剥蚀的区域,先将已剥蚀混凝土凿除,然后使用聚合物砂浆或混凝土进行填补,必要时布置锚固钢筋、加固细钢筋网进行修补,在聚合物砂浆或混凝土养护完毕后再进行表面防护处理,以提高修补质量。对于水工混凝土表面剥蚀区域内的裂缝或伸缩缝也要采取一定的处理工艺,如进行化学灌浆处理更换破损的分缝止水材料等。大面积剥蚀区域的聚合物砂浆或混凝土中也要设置分缝,避免修补材料出现开裂的现象。大面积混凝土剥蚀区域的处理工艺见图 5-8。

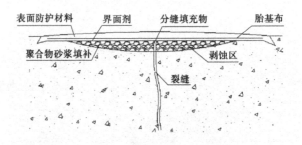

图 5-8　大面积混凝土剥蚀区域的处理工艺示意图

第四节　碳化防护修补工艺

一、碳化处理原则

碳化缺陷的防护修补处理,原则是应采用局部修补和全面封闭防护相结合的方法。对于碳化深度超过混凝土保护层、钢筋已经产生锈胀破坏的部位,要在较彻底清除锈蚀物的基础上选用黏结性能好、密实度高的水泥砂浆或混凝土进行局部修补,恢复结构物的整体外形。为防止结构其他部位进一步碳化而发生破坏,要用气密性好、黏结性强的防碳化涂料对整个钢筋混凝土结构进行全面封闭,以防止空气中 CO_2 的进一步侵蚀,达到整体防护的效果。

二、碳化处理工艺流程

认真进行施工表面的准备工作是取得良好效果的基础。为确保长期、可靠的防护效果,应严格按如下工法进行表面准备,确保被处理混凝土表面清洁坚固。

(一)一般要求

用喷砂或高压水枪清除所有灰尘、油污、泛碱、油漆、浮浆、松动的砂浆等一切影响渗透型混凝土碳化保护剂与墙体表面良好结合的杂物。喷砂或高压水施工后,用钢丝刷清除表面残留杂物,最后用清水冲刷施工表面。

(二)表面修补

用修补剂修补(修复)起壳、起砂的结构;对已老化疏松的结构要彻底凿除直至清洁坚固的基层,并用修补剂进行修补加固,确保结构表面坚固完好。

(三)表面油污的处理

如果表面油污污染严重,要彻底清除油污层。由于油污有较强的渗透力,要将表面结构凿除 1~2 cm,直到清洁坚固的基层,然后用修补剂进行修补加固,确保结构表面清洁坚固。

(四)增强钢筋的处理

如果结构破损严重致使增强钢筋暴露并锈蚀,要按如下工法认真清理锈蚀钢筋:

(1)将钢筋周围的结构层凿除,使钢筋彻底暴露。钢筋两端的结构层也要凿除,使没有生锈的部分至少暴露出 5 cm。

(2)用钢丝刷彻底清除钢筋表面的锈迹,直到露出崭新的金属表面。

(3)在钢筋表面涂刷 2 遍 FP 阻锈剂。

(4)用修补剂修补结构层被凿除的部分以获得清洁坚固的表面。

对于碳化深度超过混凝土保护层,钢筋已经产生锈胀破坏的碳化处理工艺流程的关键步骤为:搭脚手架→钢筋混凝土结构表面的初步清理和确定防护修补部位→破损部位老混凝土的凿除→钢筋除锈→必要时钢筋补焊加固→钢筋防锈处理→修补表面的清洁→复合砂浆修补→养护→结构物整体表面的打毛、清洗、干燥→喷涂底层防碳化涂料→干燥→喷涂 2 层防碳化涂料→干燥→喷涂面层防碳化涂料和养护。

第六章　质量控制与效果监测技术研究

第一节　防护修补质量控制技术

通过开展相关材料及施工过程的一系列检测与试验,总结归纳防护修补原材料质量控制、施工过程质量控制(包括裂缝连通性检查、检查孔布置、孔压水试验、灌浆密实度等)、完工质量控制(表观检查、黏结性能、涂层厚度试验等)三方面技术要点。

一、原材料质量控制

目前,世界上尚没有一个防护修补材料的统一控制标准。参照有关国家或地区的标准,制定以下控制标准。

(一)防护修补材料与被补材料之间的热膨胀系数差值尽量控制在50%以内

研究混凝土防护修复材料的热相容性在温度经常有很大变化的环境中是很重要的,特别是在大面积修补和覆盖中。使用的修补材料如聚合物,有更高的热膨胀系数,在修补中将经常导致裂缝、剥落和分离。根据聚合物的不同类型,未加填料聚合物的热膨胀系数超过混凝土的6~14倍,在聚合物中增加填料或骨料将使情况有所改善。但是,加骨料的聚合物的热膨胀系数仍是混凝土的1.5~5倍。结果是含有聚合物的修补材料比混凝土基面更易收缩。当修补材料出现膨胀时,先浇混凝土基面上胶结材料产生的约束力引起的应力能使修补材料裂缝或出现翘曲和剥落。

以水泥为主的修补材料在热膨胀系数方面也会呈现明显的不同,热膨胀系数影响修补材料应力的发展。另外,在修补材料与混凝土基面之间的热膨胀系数,尽量控制在1.5倍范围之内,其修补的再生裂缝方可避免。

(二)防护修补材料的弹性模量应等于被补材料的弹性模量

就工程而言,结构修补材料的弹性模量应该与混凝土基面的弹性模量相同,使荷载能均匀地穿过修补的地方。尽管如此,有较低弹性模量的修补材料将表现出较低的内部应力和较高的塑性变形,这减少了非结构性或保护性修补中裂缝和分离产生的可能。

灌浆材料、界面材料、表面封堵材料均需要在现场检查材料出厂合格证、有效期、质量检验报告和进场抽样检验报告,同时应该做生产性灌浆和涂刷试验,验证材料的膨胀量、实际涂刷面积等关键性能。

(三)聚脲涂层

对于手刮聚脲等新材料,还应具有以下控制内容:

(1)现场检查材料出厂合格证、有效期、质量检验报告和进场抽样检验报告,聚脲涂层施工原材料应符合设计要求。

(2)每批单组分涂刷聚脲作业前,应先涂刷一块 200 mm × 200 mm、厚度不小于 1.5

mm 的样片,进行外观质量评价并留样备查。

(3)单组分聚脲涂层样片分别在常温放置 7 d 与 21 d 后进行拉伸强度、扯断伸长率等物理性能检验。

二、施工过程质量控制

(一)裂缝连通性

在寒区水工混凝土裂缝、伸缩缝处理中,为了防止裂缝、伸缩缝发生渗漏,需要钻灌浆孔后进行化学灌浆,才能完成缝内封堵任务。因此,保证灌浆孔与所处理的裂缝、伸缩缝的连通性是完成化学灌浆的前提条件。

试验内容为检测裂缝深度,验证裂缝的贯通性。比如选取闸墩一侧裂缝某高程处灌注压力水,持续观测闸墩另一侧同高程处渗水情况。如果另一侧裂缝同高程处以下有明显的渗水痕迹,即可再加大灌注量 10 min,直到明显有持续水流才可停止该裂缝处灌注试验,从而确定裂缝与钻孔之间的连通情况,为后续的实际灌浆施工提供较为准确的参考数据。

(二)检查孔布置

对于贯穿性裂缝、深层裂缝、对结构整体性影响较大的裂缝,应当在施工的同时布置检查孔,且每条缝至少布置 1 个检查孔;每 100 m 长裂缝布置检查孔数不少于 3 个,当处理长度小于 100 m 时,也应当布置 3 个检查孔。

(三)灌浆孔压水试验

在裂缝某高程处灌注压力水,采用灌注压力水试验进行检测,持续观测水压力变化情况和进水量情况。

1. 主要技术参数

孔径:14 mm;钻孔深度:30～60 cm;钻孔角度:最小 40°,最大 45°;钻孔与裂缝间距:30～50 cm;注水压力:0.3 MPa(注浆机压力表);稳压时间:不少于 30 min。

2. 试验检测工序技术要点

(1)布孔和钻孔原则:采用钻孔机,在裂缝两侧、垂直裂缝表面走向、与开裂面间夹角小于 45°处布孔,钻孔必须穿过裂缝,钻孔与裂缝间距:30～50 cm,且保证钻孔与裂缝间距小于结构厚度的 1/2。

(2)清理混凝土表面和清孔:采用高压空气清理混凝土表面与注浆孔,清除表面松动颗粒、粉尘,保持表面干净、新鲜。

(3)埋设注浆嘴(塞):在钻好的孔内安装注浆嘴(注浆嘴总长度 15 cm,外径 1.4 cm,下部膨胀螺栓部分长度 3～4 cm),埋入钻孔内深度 10 cm 左右,并用内六角扳手拧紧环压螺栓,压缩橡胶套管,使注浆嘴固定在注浆孔内,并与孔壁密贴,无空隙、不漏水。

(4)注水:用注浆机以 0.3 MPa 的压力向检查嘴内注入洁净水,观察水压力变化情况和进水量情况。

(5)拆嘴:试验完毕,即可去掉或敲掉外露的灌浆嘴。

(6)封口:用速凝封堵材料进行注水孔的修补、封口处理。

(7)验收:保持灌注压力 0.3 MPa(注浆机压力表),稳压时间不少于 30 min。压水检查合格后即可提交完工报告(含灌浆效果检查统计表);对于检查不合格的区段进行补灌,直至再次检查合格。现场灌浆孔压水试验见图6-1。

图6-1　现场灌浆孔压水试验

(四)灌浆密实度

为了检测内部灌浆及封堵效果,可以对处理后的部位有针对性地进行钻孔取芯,以便更为直观地观察浆液分布情况,检测内容包括深度、范围、饱和度等。现场灌浆密实度钻孔取芯验证见图6-2。

图6-2　现场灌浆密实度钻孔取芯验证

三、实体质量控制

(一)表观检查

1. 一般涂层材料

表观要求颜色均匀、平整,无流挂、无漏涂、无针孔、无起泡、无开裂、无异物混入。

2. 聚脲涂层

表观要求应均匀涂覆,涂层厚度应满足设计要求,不起泡、不粉化、不剥落、不龟裂。

(二)黏结性能

主要考察防护修补材料与混凝土基面之间的黏结性能。

1. 试验设备和方法

采用 SW – TJ10 型碳纤维黏结强度检测仪按照直接拉脱试验方法检测涂层与混凝土基面的正拉黏结强度,具体方法见图6-3。

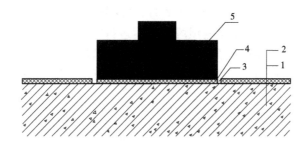

1—混凝土基层;2—涂层;3—涂层预切缝;4—黏结剂;5—钢标准块

图 6-3　正拉黏结强度试验示意图

2. 检测频率

每 400 m² 抽取一组检测(一般现场随机抽取 3 个测区,共 9 个检测点进行试验检测,检测点间距大于 500 mm)。

3. 质量控制要求

检测值≥2.5 MPa 或基层混凝土破坏。

(三)涂层厚度

在涂层涂覆完成 7 d 后,应当进行干膜厚度测试,每 50 m² 面积检测 1 个点,测点总数应不少于 30 个。平均干膜厚度不应小于设计干膜厚度,最小干膜厚度不应小于设计干膜厚度的 75%,当不符合上述要求时,应根据情况进行局部或全部补涂,直到达到要求的厚度。

检测频率及仪器设备:当每 400 m² 抽取一组检测时,用卡尺测量黏结强度检测完成后钢标准块上留下的涂层厚度;当每 100 m² 抽取一组检测时,采用超声涂层测厚仪直接现场检测。

第二节　防护修补效果监测技术

通过对近年来已完工程开展的原位跟踪观测与室内试验,开展混凝土缺陷防护修补处理前后运行状况、材料老化状况、黏结性能、现场钻芯取样试验等对比分析。经过防护修补 2~5 年后运行情况跟踪观测结果表明,各工程处理段防护修补效果均良好。

一、原位监测

结合观音阁水库溢流坝面渗漏、后楼水库溢洪道边墙伸缩缝渗漏、三湾水利枢纽及输水工程闸墩裂缝等缺陷处理工程,分别从外观状况、材料老化状况、黏结性能和钻孔取芯等方面对防护修补工程原位跟踪观测,并进行综合分析。

(一)运行状况

主要观测缺陷处理前后以及运行若干年后处理部位的运行状况,从而判断是否达到缺陷处理的目的,是否对原结构产生其他影响等。

1. 观音阁水库溢流坝面渗漏

2008 年 1 月,溢流坝 9# 表孔和 11# 表孔存在渗漏结冰现象(见图 6-4(a)),之后的丰水年里,渗漏结冰现象仍然存在;2013 年 8 月,对渗漏部位进行了防护修补处理,2013 年 11 月和 2015 年 11 月对溢流坝渗漏坝段修补后运行状况进行了原位观测。观测结果表明,溢流坝 2 个渗漏表孔经过坝面渗漏处部位修补处理后,完全消除了其表面渗漏和冬季结冰情况,原位观测对比情况见图 6-4 和图 6-5(图中圆圈内即为修补处理部位)。

(a)2008 年 1 月　　　　　　　　　　(b)2015 年 11 月

图 6-4　观音阁水库溢流坝面渗漏部位处理前后对比

(a)2012 年 12 月　　　　　　　　　　(b)2013 年 11 月

图 6-5　观音阁水库溢流坝面反弧段渗漏处理前后对比

　　2.后楼水库溢洪道边墙裂缝渗漏

该工程修补处理前边墙裂缝渗漏明显(见图 6-6(a)),2011 年 9 月完成裂缝渗漏修补处理,2015 年 11 月开展了运行 4 年后的运行状况原位观测。观测结果表明,4 年间裂缝部位表明封闭材料未出现开裂老化情况,裂缝密封效果良好,没有再出现渗水现象。具体对比情况见图 6-6。

(二)材料老化状况

主要观测缺陷处理材料的外观老化情况,从而判断材料是否发生劣化,是否需要进行二次补偿修复等。

　　1.观音阁水库溢流坝面渗漏

刚修补处理完的溢流堰面手刮聚脲涂层与周边混凝土颜色差异比较明显,主要是没有完全固化的聚脲材料具有较高的表面光泽。运行 2 年后,手刮聚脲涂层的表面颜色变淡,与混凝土颜色基本相近。现场触摸发现,是手刮聚脲材料表层灰尘附着所致,无老化迹象。

　　2.后楼水库溢洪道边墙裂缝渗漏

该工程在 2011 年修补处理施工时调配的聚脲颜色偏蓝,运行 4 年后观察发现,手刮聚脲涂层的表面颜色稍微变浅,表层轻微粉化,粉状物呈白色,将粉状物抹掉之后,其颜色

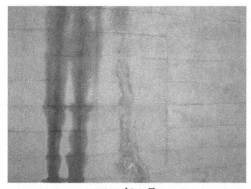

(a)2011年9月

(b)2011年10月

(c)2015年11月

图6-6　后楼水库溢洪道边墙裂缝渗漏处理前后对比

仍然保持原有色泽,没有明显变色表现,表明材料略微发生老化。

（三）黏结性能

主要测试材料正拉黏结强度,了解防护修补材料与混凝土基面之间黏结性能,从而评价防护修补效果。

1.观音阁水库溢流坝面渗漏

运行2年后现场实测正拉黏结强度测试结果为3.21 MPa,仍满足正拉黏结强度大于2.5 MPa的质量控制要求。

2.后楼水库溢洪道边墙裂缝渗漏

运行4年后现场实测正拉黏结强度测试结果为2.89 MPa,仍满足正拉黏结强度大于2.5 MPa的质量控制要求。

3.三湾水利枢纽及输水工程闸墩裂缝等缺陷处理

该修补工程于2014年11月完工,24 d后,对工程中手刮聚脲涂层修补处理段进行了正拉黏结强度试验,检测结果为1.48 MPa。2015年11月,对相邻部位手刮聚脲涂层又进行了跟踪试验,所测的黏结强度检测结果为3.56 MPa,满足正拉黏结强度大于2.5 MPa的质量控制要求。

从跟踪试验数据可知,经过1年的时间,涂层材料黏结强度提高了2.4倍。究其原因主要为:

（1）修补处理用的界面剂完全固化时间为室温条件下 22 d，2014 年完工后的测试环境温度低于 12 ℃，且施工工作面长期处于近水区域，环境比较潮湿，因此界面剂和手刮聚脲的强度增长缓慢。

（2）界面剂为双组分材料，其强度会随着环境温度的提高以及时间的推移而缓慢增长，手刮聚脲材料吸收空气中少量的水分而固化，随着时间的推移，其固化进程也在缓慢进行，强度逐渐得到了提高。具体试验情况见图 6-7。

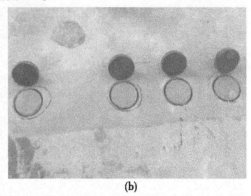

(a)　　　　　　　　　　　　　　　　(b)

图 6-7　三湾水利枢纽及输水工程中闸墩墩顶裂缝处理后正拉黏结强度试验

二、钻芯取样试验

除通过原位跟踪观测与试验，获取运行状况、材料老化状况及黏结性能数据外，还须定期到工程现场进行钻芯取样，开展涂层厚度、碳化深度、抗冻和抗渗性能等试验，为防护效果评价提供更为可靠的依据。

（一）涂层厚度

涂层厚度试验主要观察过流面涂层磨损情况和表面老化情况，通过检测涂层厚度，推断过流磨损和老化程度。试验照片见图 6-8。

图 6-8　钻芯取样后涂层厚度测试试验

（二）碳化深度

碳化深度检测主要考察表面封闭材料对混凝土的防碳化保护作用，通过检测对比分析，得知碳化未防护和防护的混凝土的碳化速度的差异，进而推断碳化防护的混凝土结构的耐久性提升幅度。试验照片见图 6-9。

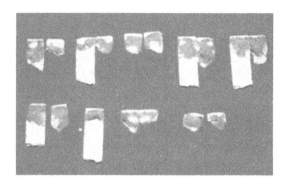

图 6-9　钻芯取样后碳化深度测试试验

（三）抗冻和抗渗性能

通过抗冻性和抗渗性试验结果推断表面防护修补材料对混凝土的防渗防冻作用效果,验证材料在防渗漏、抗冻害方面的性能优势,为提升混凝土耐久性及延长使用寿命提供可靠的判定依据。试验照片见图 6-10。

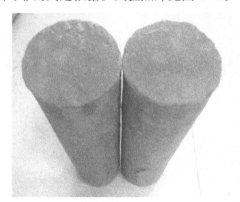

图 6-10　钻芯取样后抗冻和抗渗性能试验

第七章　推广应用情况

　　裂缝、渗漏、剥蚀、碳化等缺陷作为寒区水工混凝土结构的主要病害缺陷形式,在辽宁省水工混凝土建筑物中也普遍存在。例如,丹东罗圈背水库溢流堰面和防渗面板,清原后楼水库溢洪道底板和边墙,丹东三湾水库闸墩,沈阳石佛寺水库泄洪闸工作桥桥梁、排架帽梁、排架柱等很多水利枢纽工程的水工混凝土建筑物存在不同程度的裂缝、碳化缺陷;再者,渗漏也是辽宁地区水工混凝土建筑物出现较多的一种病害表现形式,如本溪观音阁水库大坝越冬缝渗漏、溢流堰廊道裂缝和伸缩缝渗水,抚顺大伙房水库输水隧洞伸缩缝渗水等水利水电工程混凝土建筑物出现渗漏病害;在辽宁地区剥蚀破坏的形式主要有冻融破坏和冲刷破坏,例如,清原后楼水库溢洪道闸门导轨处混凝土空鼓和底板混凝土出现较大面积剥蚀,本溪观音阁水库大坝水位变动区出现冻融、剥蚀等。

　　近年来,辽宁省水利水电科学研究院对包括上述工程在内的辽宁省近十座水利工程混凝土缺陷开展了防护修补工作,积累了包括裂缝防护与防渗处理、伸缩缝防渗抗冲磨处理、混凝土表面抗冲刷处理等多种防护修补处理经验,积累了坚实的工程实践基础,起到了良好的工程示范应用效果,为今后寒区水工混凝土防护修补处理提供了可靠的借鉴和参考意义。

第一节　观音阁水库大坝裂缝、伸缩缝渗漏处理

一、主要问题

　　辽宁本溪观音阁水库是辽宁省建设的重点水利枢纽工程。经过多年的运行,水库坝体出现了不同类型、不同程度的裂缝。经过调查后发现存在如下病害缺陷。

(一)大坝溢流坝段 23#、24#、25#、26#坝段越冬面水平施工缝开裂

　　大坝在施工过程中发现大坝越冬面顶层附近的水平施工缝开裂。开裂部位主要集中在高程 209.25 m、218.25 m、233.25 m、250.50 m 4 个越冬面。裂缝长度几乎达到整个坝段,深度为 3~6 m,宽度为 0.5~1.2 mm,最宽达 2.0 mm。对于高程 209.25 m 和 218.25 m 的水平施工缝,已于 1994 年全部处理完毕。高程 233.25 m 的水平缝也已于 2001 年进行了化学灌浆处理。此次现场勘察发现高程 250.50 m 的水平缝裂缝比较集中,比较严重,未经过防护修补处理。另外,经过检测发现,大坝溢流坝段 23#、24#、25#、26#坝段高程 246.00 m 以上缺陷裂缝 11 处,约 64.00 m。

(二)溢流坝段廊道、结构缝、下游堰面渗水、结冰

溢流坝段廊道裂缝和伸缩缝渗水及下游溢流面混凝土水平裂缝渗水冬季结冰。

大坝溢流坝段 23#、24#、25#、26# 坝段的廊道多处出现水平向裂缝,裂缝和伸缩缝大多出现渗水。在 249.25 m 高程处,9# 表孔(23#、24# 坝段各一半)、11# 表孔(25#、26# 坝段各一半)溢流堰面分别出现了贯穿整个溢流孔的水平裂缝,且伴有较多渗水,冬季工况下,渗水结冰严重。具体缺陷情况见图 7-1。

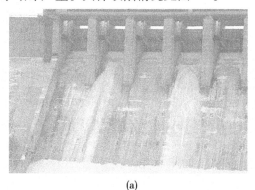 

(a)   (b)

图 7-1 观音阁水库大坝裂缝渗漏状况

二、处理情况

(1)大坝溢流坝段上游面的裂缝,无论开口宽度如何,都进行化学灌浆处理,开度适宜灌浆的裂缝进行化学灌浆处理,对于开度小于 0.2 mm 且不适宜灌浆的裂缝,采取化学材料缓慢渗透的方法进行封闭处理,然后在其表面刮涂 SK 手刮聚脲进行表面防护处理。

(2)对于下游面的裂缝,开度在 0.2 mm 以上的裂缝进行化学灌浆处理,开度在 0.2 mm 以下的裂缝直接涂刮 SK 手刮聚脲进行表面防护处理。

(3)对于廊道内的裂缝,裂缝表面出现白色析出物,先将白色析出物彻底打磨去掉,进行密集布孔灌浆,对所有渗水区域进行裂缝内部封堵,灌浆材料以遇水膨胀型聚氨酯材料为主,必要时采用深孔灌浆、多次补浆及导流,确保裂缝灌满封堵密实。

(4)对于出现裂缝的混凝土,同时伴有冻融、剥蚀等其他局部缺陷发生的情况,如冻融、剥蚀、蜂窝、麻面、脱空、孔洞、钢筋锈蚀及鼓胀、冻胀破坏、局部缺失、局部振捣不实等,进行缺陷预处理,采用必要的除锈、阻锈、植筋和钢筋网加固,采用聚合物混凝土、高强砂浆等材料进行缺陷填补。待这些部位修复、养护好之后,再进行其他缺陷的防护修补处理。

(5)所有裂缝、结构缝等涉及越冬冰层和冬季运行水位变化区的部分,在 SK 手刮聚脲涂层的最边缘向外进行防冰害处理,具体措施为:涂层最外端向外 1 m 范围内使用硅烷浸渍剂涂刷防护,涂刷 2 遍,保证硅烷渗透混凝土 1 mm 以上。现场修补情况见图 7-2。

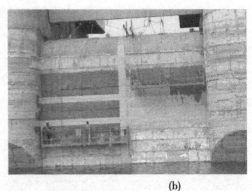

(a)   (b)

图 7-2　观音阁水库溢流坝处理情况

第二节　后楼水库溢洪道裂缝、伸缩缝处理

一、主要问题

辽宁清原后楼水库溢洪道进行除险加固竣工验收抽检过程中,发现溢洪道底板和边墙混凝土多处出现明显的裂缝和侵蚀破坏情况。后经相关部门专项检测查明:

(1)在整个溢洪道混凝土结构中存在 63 条明显的裂缝,总长达 379 m。主要分布在控制段边墩、溢流堰面、收缩段边墙、陡槽段边墙、扩散段和挑坎段边墙及底板。

(2)溢洪道各段混凝土底板伸缩缝止水带和木条两侧混凝土局部出现明显冲蚀破坏现象,表层混凝土剥蚀脱落。

(3)在溢洪道桩号 Y0 +020.00 附近,底板混凝土出现 3 块冻融、剥蚀区域,剥蚀面积达 50 m²,最大剥蚀深度达 2 cm,平均剥蚀深度 0.8 cm。主要缺陷状况如图 7-3 所示。

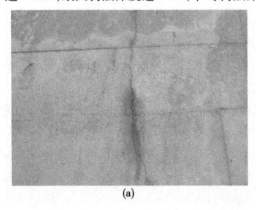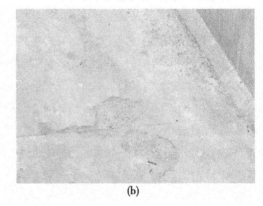

(a)   (b)

图 7-3　后楼水库溢洪道主要缺陷状况

二、处理情况

(1)整个溢洪道的裂缝,开度适宜灌浆的进行化学灌浆;开度小于 0.2 mm 且不适宜

灌浆的,直接涂刷手刮聚脲进行表面防护处理。

(2)具体修补的内容包括:溢洪道各段边墙(或边墩)和底板伸缩缝、裂缝;闸门底坎金属埋件及两侧混凝土表面;收缩段底板剥蚀混凝土等。各类病害缺陷修补方式见表7-1,现场修补情况见图7-4。

表7-1　后楼水库溢洪道病害缺陷修补方式

序号	修补项目	防护修补处理方式
1	裂缝	化学灌浆＋手刮聚脲处理
		手刮聚脲处理
2	伸缩缝	GB材料嵌缝＋手刮聚脲处理
3	闸门底坎金属埋件及两侧混凝土表面	手刮聚脲处理
4	收缩段底板剥蚀混凝土	聚合物砂浆填补＋手刮聚脲处理

 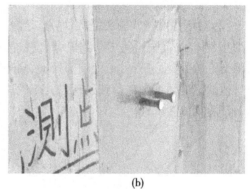

(a)　　　　　　　　　　　　　(b)

图7-4　后楼水库溢洪道处理情况

第三节　罗圈背水库溢洪道伸缩缝处理

一、主要问题

罗圈背水库自1972年建成以来,经过30余年的运行,水库枢纽受到不同程度的损伤,多年以来一直带病运行。2006年8月29日,在该水库除险加固中坝体和溢洪道混凝土浇筑完成,2007年10月15日,坝体首次发现有明显裂缝。随后,裂缝数量逐年增多,并扩展至溢洪道迎水面和堰面。截止2011年5月21日,溢洪道上游防渗面板分布4条竖缝,溢流堰面3条裂缝,总长度达113 m。溢洪道具体缺陷情况如图7-5所示。

二、处理情况

(1)溢流堰面和迎水侧防渗面板的裂缝,无论开口宽度如何,都要进行内外封堵,开度适宜灌浆的进行化学灌浆;开度小于0.2 mm且不适宜灌浆的,采取化学材料缓慢渗透

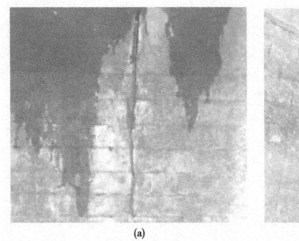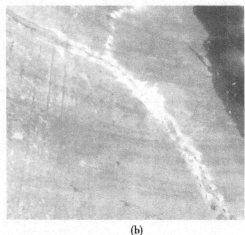

(a)　　　　　　　　　　　　　　　　　(b)

图 7-5　罗圈背水库溢洪道缺陷情况

的方法进行封闭,然后涂刷手刮聚脲进行表面防护处理。

（2）对于温度缝及施工缝的处理,其温度缝及施工缝表面缝口两侧各向外 0.25 m（总宽度 0.5 m）的范围内使用手刮聚脲材料进行封闭防护,涂层平均厚度大于 2 mm。对于缺陷交汇的部位,进行交汇处细部处理,同时在温度缝及施工缝和裂缝的表面处理之前进行其他缺陷的预处理。等到处理过的部位具备相应施工条件再进行表面防护处理。现场修补情况见图 7-6。

图 7-6　罗圈背水库溢洪道现场修补情况

第四节　大伙房水库输水洞结构缝处理

一、主要问题

大伙房水库输水洞工程位于主坝和一副坝之间,是水库重要的泄水建筑物,于 1958

年建成,输水洞主洞直径 6.5 m,主洞长 243.49 m,最大泄量 400 m³/s,为圆形有压隧洞。2010 年 11 月,水库管理部门组织工程技术人员对输水洞伸缩缝渗水情况进行了全面调查。调查发现,洞内桩号 0 + 219、0 + 228、0 + 243、0 + 258、0 + 264 等 5 个断面的伸缩缝处渗漏比较严重,长期在恶劣环境下运行,导致洞内伸缩缝处止水老化,止水效果降低,以致出现了伸缩缝处渗水、漏水等问题,直接影响到衬砌混凝土质量和内部钢筋的防护;闸室段右侧洞壁出现多处裂缝,并伴有渗水现象,这些裂缝的渗漏影响了工程的正常运行。大伙房水库输水洞伸缩缝渗水情况如图 7-7 所示。

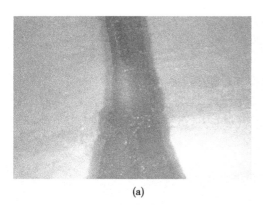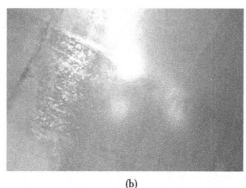

(a)　　　　　　　　　　　　　　(b)

图 7-7　大伙房水库输水洞伸缩缝渗水情况

二、处理情况

(1)裂缝及结构缝的内部进行化学灌浆,封口处布设柔性止水材料,缝口最外端设置燕尾槽型特种砂浆,打磨砂浆表面,使修补后外表面平整。

具体工艺为:导流→布孔→化学灌浆→清理灌浆后表面→在裂缝、结构缝的开口部位开设开口宽度为 5 ~ 6 cm、深度为 3 ~ 5 cm 的燕尾槽型沟槽→清理伸缩缝→深度修槽→嵌填柔性材料→布置橡胶棒→嵌填外层柔性材料→砂浆封闭→处理外表面→拆除导流管→二次化学灌浆止水→养护。

(2)对于伸缩缝的处理,首先去除结构缝中失效的填充材料,用柔性填料重新填好。伸缩缝顶口与原基面齐平,伸缩缝止水失效的部位进行必要的灌浆和导流。对于伸缩缝与裂缝以及伸缩缝与其他缺陷交汇的部位,进行交汇处细部处理,同时应在结构缝和裂缝的表面处理之前进行其他缺陷的预处理。等到处理过的部位具备相应施工条件再进行表面防护处理。

(3)裂缝经过内部化学灌浆后,表面刮涂手刮聚脲材料进行表面防护处理,封闭层位于特种封闭砂浆的外部。现场修补情况见图 7-8。

(a)　　　　　　　　　　　　　　(b)

图 7-8　大伙房水库输水洞伸缩缝现场修补情况

第五节　石佛寺水库工作桥帽梁、排架柱缺陷处理

一、主要问题

(一)工作桥帽梁

工作桥帽梁、排架柱伸缩缝部位存在杂物淤积、部分梁头混凝土局部缺损、缝隙外观不规整等缺陷,雨季或者冬季工况下存在伸缩缝内部积水、冻胀等缺陷。石佛寺水库工作桥帽梁及桥柱外观见图 7-9。

图 7-9　石佛寺水库工作桥帽梁及桥柱外观

(二)启闭机室工作桥散水部位混凝土

启闭机室工作桥处于室外散水部位的混凝土出现大量的剥蚀区。这部分混凝土表面普遍产生冻胀、冻融破坏,而且混凝土表面不平整,多处出现积水区,排水不畅,位于排架柱伸缩缝及帽梁伸缩缝部位上部的工作桥桥梁接缝普遍出现混凝土严重剥蚀,接缝处汇集的积水直接流到帽梁上。工作桥散水部位的剥蚀现状见图 7-10,工作桥散水部的接缝

现状见图 7-11。

图 7-10　工作桥散水部位的剥蚀现状　　　　图 7-11　工作桥散水部的接缝现状

(三)启闭机室弧形屋顶与设备楼楼体接缝

启闭机室弧形屋顶与设备楼楼体接缝处出现严重损坏,接缝处的密封胶、密封止水失效,导致接缝处大量渗水,地面有明显积水痕迹。启闭机室的基础经过固结处理,设备楼处于软基础,没有经过固结处理,由于设备楼与启闭机室的基础不同,设备楼产生了严重沉降,破坏了原有的屋顶的接缝结构,结构胶失效、渗水。启闭机室楼体接缝现状见图 7-12,弧形屋顶接缝处渗水现状见图 7-13。

图 7-12　启闭机室楼体接缝现状　　　　图 7-13　弧形屋顶接缝处渗水现状

二、处理情况

(一)工作桥排架帽梁伸缩缝

处理方式:GB 柔性材料嵌缝处理(含其他柔性辅料) + 适当的结构缝化学灌浆 + 导流 + 表面封闭。

(二)工作桥排架柱的伸缩缝及表面裂缝

处理方式:适当的结构缝化学灌浆(其主要作用在于对工作桥排架帽梁伸缩缝渗流下来的水进行上端止水处理) + 混凝土冻融、剥蚀等局部缺陷 + 柔性嵌缝材料填充(针对部分缺损部位) + 表面封闭(表面防护)。

(三)启闭机室工作桥散水部位混凝土

处理方式:铺设排水层(聚合物防水砂浆) + JS 防水处理 + 聚脲材料接缝处理。

（四）启闭机室弧形屋顶与设备楼楼体接缝部位

处理方式：嵌缝密封胶（或者其他嵌缝柔性辅料）＋聚脲材料接缝处理。

排架柱伸缩缝及裂缝、帽梁伸缩缝、工作桥接缝修补后效果见图 7-14，工作桥接缝修补后效果见图 7-15，启闭机室弧形屋顶与设备楼楼体接缝部位修补后效果见图 7-16。

图 7-14　排架柱伸缩缝及裂缝、帽梁伸缩缝、工作桥接缝修补后效果

图 7-15　工作桥接缝修补后效果

图 7-16　启闭机室弧形屋顶与设备楼楼体接缝部位修补后效果

第六节 乌金塘水库水电站输水压力管道渗漏处理工程

一、主要问题

乌金塘水库进行除险加固时,对洞身缺陷进行过一些处理。洞身全线围岩进行围岩回填和固结灌浆;衬砌混凝土裂缝针对不同类型做了一些防渗处理。

水库管理人员在渗漏检查时发现压力管道较多裂缝(包括结构缝)存在渗水、射流现象。其中1#、2#发电机组厂房外侧有漏水点,漏水点呈水平方向发展,形成线状渗水。冬季运行渗水现状见图7-17。

图7-17 冬季运行渗水现状

2015年3月25日,对输水洞、压力管道渗水情况进行了全面调查。调查发现在洞内有多处渗漏。主管道渐变段伸缩缝处、支管伸缩缝处均有不同程度渗漏。其中1#发电机组厂房外侧有漏水点,漏水点位于蝶阀向支管上游7 m处,其内部支管对应伸缩缝处有水流渗出,且在底部淤泥表面有渗流痕迹;2#发电机组厂房外侧有明显漏水点,漏水点土层凹陷,位于蝶阀向支管上游7 m处,其内部支管对应伸缩缝处呈断断续续的裂缝,没有裂缝的周边混凝土表面出现了较多的蜂窝、麻面、错台等浇筑缺陷;3#支管伸缩缝处混凝土表面有渗水痕迹;4#支管位于蝶阀向支管上游7 m处,混凝土表面未见有明显的伸缩缝。支洞混凝土内部表面较干燥,没有淤泥,以上部位未见渗漏点和面渗区域。

主管道渐变段伸缩缝有4道,均临近支管部位,这些伸缩缝多年前使用水泥砂浆修补过,现在表观状态良好,但因为砂浆为硬质材料,多数砂浆中间出现了裂缝,这些裂缝是原有伸缩缝的作用使然,伸缩缝仍然发挥着变形作用,但是表面的砂浆无法适应开度变化,因此在修补后砂浆表面呈现出了裂缝。这些裂缝表面都有渗水痕迹。

混凝土管道与钢结构管道结合处经过多年运行,结合处混凝土破损较多、钢管锈蚀严重。2#管内部渗漏情况见图7-18,2#管外部渗漏情况见图7-19。

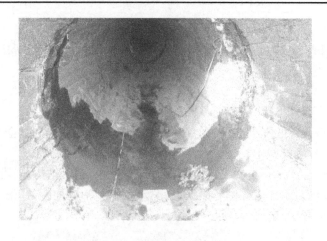

图 7-18　2#管内部渗漏情况

图 7-19　2#管外部渗漏情况

二、处理情况

（1）裂缝及结构缝的内部进行化学灌浆。

（2）对于结构缝的处理，应该去除结构缝中失效的填充材料，用柔性填料重新填好。伸缩缝顶口与原基面齐平，结构缝止水失效的部位应进行必要的灌浆和导流。对于结构缝与裂缝以及结构缝与其他缺陷交汇的部位，应进行交汇处细部处理，同时应在结构缝和裂缝的表面处理之前进行其他缺陷的预处理。等处理过的部位具备相应施工条件再进行表面处理。

（3）所有裂缝、结构缝等涉及延续工期和分阶段处理的端部必须进行端部止水细部处理，留好延续接口。

（4）裂缝、伸缩缝经过内部化学灌浆后，表面粘贴手刮聚脲材料进行封闭处理。

（5）伸缩缝、裂缝无论开度如何均应进行化学灌浆，面渗区域也要进行化学灌浆，填补混凝土内部缺陷，填充补强加固。

（6）加大表面粘贴处理宽度，将原有修补砂浆包纳于新修补界面内部。

（7）对于错台部位，应处理光滑，去除错台、填补孔洞、灌注内部细小缝隙。

（8）选用具有抗冲磨性能的材料进行表面防护。

2#管内部、外部修补情况分别见图7-20、图7-21。

图7-20 2#管内部修补情况

图7-21 2#管外部修补情况

第七节 辽宁省内水工混凝土防护修补工程示范应用

近年来，辽宁省内已完成的防护修补工程示范应用情况见表7-2。

表 7-2　防护修补工程示范应用情况

序号	工程名称	处理部位	处理工艺	主要材料
1	观音阁水库	溢流坝面裂缝及伸缩缝	抗冲磨处理	DH-510 疏水性单液型 PU 发泡堵漏剂、DH-500 亲水性单液型 PU 发泡堵漏剂、HW 水性聚氨酯灌浆材料、LW 水性聚氨酯灌浆材料、优龙界面剂、手刮聚脲、硅烷浸渍剂(瓦克硅烷混凝土浸渍保护剂 SILRES® BS CREME C)(水剂)
		大坝迎水侧表面	防渗抗冻融、剥蚀处理	硅粉、NBS 水泥改性剂(丙乳)、HLC-N 混凝土界面剂、HLC-GMS 特种抗冲耐磨聚合物砂浆、聚合物混凝土
2	大伙房水库	输水洞出口消能工	抗冲刷处理	DH-510 疏水性单液型 PU 发泡堵漏剂、DH-500 亲水性单液型 PU 发泡堵漏剂、HW 水性聚氨酯灌浆材料、LW 水性聚氨酯灌浆材料、优龙界面剂、手刮聚脲、补偿收缩型高强特种砂浆
		输水洞伸缩缝	防渗处理	DH-510 疏水性单液型 PU 发泡堵漏剂、DH-500 亲水性单液型 PU 发泡堵漏剂、HW 水性聚氨酯灌浆材料、LW 水性聚氨酯灌浆材料、优龙界面剂、手刮聚脲、硅烷浸渍剂(瓦克硅烷混凝土浸渍保护剂 SILRES® BS CREME C)(膏剂)
3	石佛寺水库	工作桥桥梁、排架柱	伸缩缝处理	DH-510 疏水性单液型 PU 发泡堵漏剂、DH-500 亲水性单液型 PU 发泡堵漏剂、HW 水性聚氨酯灌浆材料、LW 水性聚氨酯灌浆材料、优龙界面剂、手刮聚脲、补偿收缩型高强特种砂浆
4	乌金塘水库	电站压力管道	防渗处理	DH-510 疏水性单液型 PU 发泡堵漏剂、DH-500 亲水性单液型 PU 发泡堵漏剂、HW 水性聚氨酯灌浆材料、LW 水性聚氨酯灌浆材料、优龙界面剂、手刮聚脲
5	丹东三湾水利枢纽	闸墩	裂缝处理	DH-510 疏水性单液型 PU 发泡堵漏剂、DH-500 亲水性单液型 PU 发泡堵漏剂、HW 水性聚氨酯灌浆材料、LW 水性聚氨酯灌浆材料、优龙界面剂、手刮聚脲、H-G-2 型界面剂、HK-966、HK-988、硅烷浸渍剂(瓦克硅烷混凝土浸渍保护剂 SILRES® BS CREME C)(膏剂)

续表 7-2

序号	工程名称	处理部位	处理工艺	主要材料
6	东港罗圈背水库	溢流堰面裂缝及温度缝	抗冲刷处理	DH-510疏水性单液型PU发泡堵漏剂、DH-500亲水性单液型PU发泡堵漏剂、优龙界面剂、手刮聚脲、三元乙丙卷材、T1密封胶材、不锈钢锚固螺栓、不锈钢板压条、聚硫密封膏
7	东港沙坝倒虹吸	伸缩缝	防渗处理	单组分聚氨酯防水材料SPU-301、优龙界面剂
8	清原县后楼水库	溢洪道边墙、底板	裂缝及伸缩缝处理	GB塑性材料、优龙界面剂、手刮聚脲、DH-510疏水性单液型PU发泡堵漏剂、DH-500亲水性单液型PU发泡堵漏剂、LW水性聚氨酯灌浆材料、HW水性聚氨酯灌浆材料
9	清原县天桥水库	溢洪道	裂缝处理	DH-510疏水性单液型PU发泡堵漏剂、DH-500亲水性单液型PU发泡堵漏剂、HW水性聚氨酯灌浆材料、LW水性聚氨酯灌浆材料
10	东港白云闸	上下游右侧翼墙	结构缝处理及表面防护	DH-510疏水性单液型PU发泡堵漏剂、DH-500亲水性单液型PU发泡堵漏剂、HW水性聚氨酯灌浆材料、LW水性聚氨酯灌浆材料、优龙界面剂、手刮聚脲、H-G-2型界面剂、HK-966、HK-988、硅烷浸渍剂(瓦克硅烷混凝土浸渍保护剂SILRES® BS CREME C)(膏剂)
11	营口民兴河拦河闸	排架柱、边墙、钢闸门闸板、溢流堰面、防冲齿墙	表面防护	DH-510疏水性单液型PU发泡堵漏剂、DH-500亲水性单液型PU发泡堵漏剂、HW水性聚氨酯灌浆材料、LW水性聚氨酯灌浆材料、优龙界面剂、手刮聚脲、H-G-2型界面剂、HK-966、HK-988、硅烷浸渍剂(瓦克硅烷混凝土浸渍保护剂SILRES® BS CREME C)(膏剂)
12	兴城烟台河引水干渠倒虹吸	顶面、墙体立面内外侧、底部混凝土上层	裂缝、结构缝、渗漏、剥蚀处理	DH-510疏水性单液型PU发泡堵漏剂、DH-500亲水性单液型PU发泡堵漏剂、优龙界面剂、挤塑板、单组分聚氨酯

附录　寒区水工混凝土病害缺陷防护修补技术集成系列方案

序号	缺陷类型	类别划分	编号	工艺方法	防护修补材料	工艺要点
1	裂缝	（一）包括温度裂缝、干缩裂缝、钢筋锈蚀裂缝、荷载裂缝、沉陷裂缝、冻融裂缝、施工缝与同缝、混凝土与钢筋连接处处缝等		一般的混凝土裂缝修补工艺方法有树脂灌注法、表面封闭法、柔性密封法、干嵌填法、灌浆法、柔性嵌缝法、粘贴法、涂刷及其他表面处理法、凿槽嵌填法等；表面浅层裂缝的修补适宜采用树脂灌注法和涂刷表面封闭法；深层与贯穿性裂缝的修补适宜采用内部灌浆法和表面封闭法		
			1	树脂灌注法	环氧树脂灌浆材料	在树脂灌注法中环氧树脂灌注材料是最常见的裂缝灌注材料，它具有较高的机械强度并能抵抗混凝土所遇到的大多数化学侵蚀，树脂可以灌入到 0.05 mm 的或者裂缝漏的，有修漏的。当裂缝是干透的，不能干透的或者干透的。北京冶建工程裂缝处理中心开发的具有国际领先水平的 YJ-自动压力灌浆法是树脂灌注法的最佳工法之一
			2	聚合物浸入法（重力渗入法）	环氧树脂、硅烷浸渍剂	低黏度的液态树脂可用来密封路面、桥面不小于 0.1 mm 的裂缝。将树脂溢于裂缝表面刷涂后，或者在水平表面上或裂缝构筑物临时的间隙，使树脂溢于裂缝表面
				聚合物浸入法（真空渗入法）	环氧树脂、硅烷浸渍剂	更适合用于多重天现观测表面裂缝。先将裂缝表面密封，抽去真空，使裂缝中和孔隙中的空气全部排出。再在大气压力下用 U 形比环氧树脂材料注入裂缝表面
			3	钉合法	金属"缝合 U 形钉"、无收缩砂浆、环氧树脂基粘合剂	不必须恢复主裂缝断面的抗拉强度时，使用钉合法比较适宜。特别比较适宜在 U 形钉跨过裂缝嵌入人事先开好的槽沟中，用 U 收缩砂浆或者环氧树脂基粘合剂来固定
		（二）按照形状和缝宽（缝深）进行分类：龟裂（网状）或细微裂缝	4	表面封闭法	聚氨酯涂料、丙烯酸酯共聚乳液涂料、水泥基渗透结晶型粉料、硅酸盐胶泥青、喷涂橡胶	这是最简单和最普通的裂缝修补方法。用于修补裂缝对结构影响不大的静止裂缝，通过封闭裂缝来防止水汽、化学物质和二氧化碳的侵入
		表面或浅层裂缝	5	灌浆法（普通水泥灌浆法）	水泥（超细水泥）浆材、水泥膨润土浆材、普通水泥浆材、硅酸盐水泥浆	大体积水坝，厚混凝土墙或者水工结构的岩石基础上的裂缝，有时通过注入人性酸盐水泥砂浆来密封
		深层裂缝		灌浆法（聚合物注入即化学灌浆法）	水溶性氨酯浆材、丙烯酰胺（丙凝）浆材、油溶性聚氨酯浆材、改性聚氨酯浆材、环氧树脂浆材、甲凝浆材、壁可材料	基于甲基丙烯酸乙酯或者丙烯酰胺聚合物的灌浆材料和水反应后形成固态沉淀浆或物或泡沫材料，起到封闭裂缝的作用。可在潮湿环境中使用
		贯穿性裂缝	6	钻孔嵌基法	甲基丙烯酸甲酯（MMA）、柔性沥青、环氧树脂灌浆材料、自流平修补收缩砂浆、寒氯乙烯浆、自流平高强补修收缩砂浆防渗胶泥	这种方法通常用来灌注端头的裂缝，孔中应填柔性树脂。如果要求密封防水，自流平高强补修的作用比较重要，可树脂砂浆代替砂浆；如果灌注栓塞的作用比较重要，孔中则要灌注环氧乙烯胶泥青来代替柔性沥青水泥砂浆

续附录

序号 缺陷类型	编号	类别划分		工艺方法		编号	防护修补材料	工艺要点
裂缝（一）	（三）	按其所处部位的工作条件或环境条件分为三类	室内或露天环境	柔性密封法		7	单组分涂刷聚脲、聚氨酯脲防水涂料、橡胶沥青、喷涂橡胶、聚氨酯类塑性填料止水材料、硅酮密封胶、橡胶类塑性填缝材料、聚氨酯密封带、聚硫密封膏、橡胶改性沥青嵌缝油膏、聚氯乙烯防渗胶泥	通常将活动裂缝转变为运动的节缝是比较适宜的办法，沿裂缝边缘开一凹槽填入适当的柔性材料，节缝底部使用隔离层
			迎水面、水位变动区或有盐蚀地下水环境	粘贴法		8	柔性的密封带、单组分涂刷聚脲、聚氨酯脲涂料、聚氨酯脲防水涂料、橡胶沥青、喷涂橡胶、自粘性橡胶密封带	当运动不止作用于一个平面时，或者过度的运动已超过一个普通尺寸的凹槽所允许的范围时，或者不可以切割出槽时可使用这个办法。用柔性的密封盖住裂缝，仅将底带的边缘部分粘住
			过流面、海水或盐雾作用区	附加钢筋法	普通钢筋	9	环氧树脂	首先将裂缝密闭，然后贯穿裂缝平面大约90°方向钻孔，将环氧树脂灌入小孔内，再将钢筋插入使之黏合成整体
					外部施加预应力		预应力锚索、预应力钢绞线、碳纤维片材	通过后张法施加应力，来加强结构件的主要部分或者封闭裂缝
	（四）	按照裂缝所处状态划分	不稳定裂缝（活缝）	干嵌填法		10	甲基丙烯酸甲酯（MMA）、补偿收缩砂浆、聚合物砂浆、普通砂浆	用手工将低水灰比的砂浆连续嵌入裂缝，先在裂缝表面开井槽，大约25 mm深，25 mm宽，清理后涂刷，连续嵌入低水灰比的砂浆
			稳定裂缝（死缝）	造引面层法		11	单组分涂刷聚脲、聚氨酯脲防水涂料、聚氨酯脲防水涂料、橡胶沥青、喷涂橡胶、自粘性橡胶密封带	当结构表面存在大量的裂缝，而且采用其他办法处理各个裂缝过于昂贵时，用这个办法比较实用。及及邻近水泥浆之间以及晶体和水泥浆表面得到有效。对于员偶然出现的大面积网状裂缝使用该法很有效
	（五）		增长缝	自闭合法		12		混凝土依靠自身合拢裂缝称为"自闭合"，这是存在在湿并且没有流动水作用的情况下发生的一种现象。机制：由于同固空气和水中存在二氧化碳，使水泥浆中的氢氧化钙发生碳化作用，结果碳酸钙和氢氧化钙在裂缝内析出并生长。晶体组合交织产生一种同同的化学黏结作用，又被邻近水泥浆黏结作用所增强，最后混凝土裂缝部位的结构得到一定的恢复，裂缝也被密闭了。用于修补潮湿环境使用的结构，整个自闭合时期必须连续保持水饱和
	（六）			涂层及其他表面处理法		13	硅烷浸渍涂剂、单组分涂刷聚脲、聚氨酯脲涂料、橡胶、丙烯酸防水涂料、橡胶沥青、喷涂聚氨酯乳液涂料、水泥基渗透结晶型粉料、橡胶喷涂胶	修复开裂的混凝土结构可以使用的范围很广。表面浸渍涂料获得成功修补。如果混凝土开裂已经稳定，则可通过表面浸渍涂料获得成功修补。但不适合低温区域操作

续附录

序号	缺陷类型	编号	类别划分	编号	工艺方法	防护修补材料	工艺要点
	裂缝	(七)					日本 SHO-BOND 建株式会社研制提出的"璧可"注入法(BICS)在注入方法上突破了传统的方法。它利用合成橡胶管状态自然弹性所产生的压力将高分子树脂修补材料缓慢持续地注入裂缝中。橡胶管在整个注入过程中始终保持大约 0.3 MPa 的压力,使材料可注入到 0.02 mm 缝的末端同时缓慢均匀的压力可以有效防止裂缝中积存的空气产生的气阻,从而保证修补质量
		(八)		14	"璧可"注入法(BICS)	"璧可"注入材料	该法具有 5 个特点: (1)良好的柔韧性。固化后仍保持良好的韧性,在裂缝受到冲击和振动时不会脱离。 (2)良好的渗透力。SHO-BOND 公司开发和生产的灌注胶黏度为 300~500 mPa·s,具有良好的渗透能力。能够保证该材料注入后的结合强度和一体化效果。 (3)良好的抗收缩性。这种超低黏度的注入材料不含稀释性溶剂,固化后材料不发生收缩。 (4)瞬间固化。SHO-BOND 公司的注入材料固化过程分两个阶段:在达到临界温度前,材料以液态存在;当达到临界温度后,材料在极短的时间内迅速固化,可达到最终强度的 70%。 (5)出众的耐久性。材料硬化后具有极强的抗水性和化学稳定性,不会受到雨水、海水、酸碱溶液、二氧化碳的破坏,其寿命远大于混凝土结构本身
一	结构缝	(一)	结构缝种类 伸缩缝、沉降缝、温度缝、防(抗)震缝、体形缝、界面缝、拼接缝等				一般的结构缝裂缝修补工艺方法有表面封闭法、灌浆法、干嵌填法、柔性密封法、凿槽填充法、结构缝的处理方法与裂缝的处理方法是相通的,如果结构缝出现渗漏,那么应该按照渗漏的情况及其他表面处理法、展后结构缝以及渗漏的修补处理
		(二)	结构缝缺陷 嵌缝材料缺失	1	表面封闭法	聚氨酯涂料,丙烯酸酯共聚乳液涂料,水泥基渗透结晶型粉料,橡胶防青,喷涂橡胶	这是最简单和最普通的裂缝修补方法。用于修补对结构影响不大的静止裂缝,通过密封裂缝来防止水汽、化学物质和二氧化碳的侵入
			缝口两侧混凝土破坏	2	灌浆法	普通水泥浆材,硅酸盐水泥砂浆	主要修复伸缩缝两侧破损混凝土,以便形成整齐的伸缩缝开口部位

续附录

序号	缺陷类型	类别划分	编号	工艺方法	防护修补材料	工艺要点
一	结构缝	（二）结构缝缺陷｜止水材料失效	3	柔性密封法	单组分涂刷聚脲、聚氨酯涂料、聚氨酯脲防水涂料、橡胶类塑性填料、沥青类塑性填料、硅酮密封胶、自粘性橡胶密封胶带、聚硫密封胶背、橡胶改性沥青嵌缝油膏、聚氯乙烯防渗胶泥	伸缩缝内部填充柔性的塑性的填料，有的填料具有止水作用，表面采用柔性止水涂层进行表面封闭
		缝口出现渗水漏	4	干嵌填法	沥青类塑料填料止水材料、橡胶类塑性填料止水材料	通过在原有的伸缩缝中填筑柔性止水材料，材料依靠外界应力压力形成阻水层，一般使用在内部水压不大的部位
		结构缝修补影响区域混凝土冻胀和冻融破坏	5	涂层及其他表面处理法	硅烷浸渍剂、单组分涂刷聚脲、聚氨酯涂料、喷涂橡胶、丙烯防水涂料、橡胶沥青、聚氨酯脲乳液涂料、橡胶沥青、水泥基渗透结晶型涂料、喷涂聚脲、聚丙烯酸橡胶	这是最简单和最普通的结构缝修补方法。用于修补对结构影响不大的伸缩缝，通过密封伸缩缝来防止水汽、化学物质和二氧化碳的侵入
		（三）结构缝其他缺陷｜错位、扭转等	6	凿槽嵌填法	单组分涂刷聚脲、聚氨酯涂料、聚氨酯脲防水涂料、橡胶沥青、喷涂橡胶、丙烯酸橡胶、橡胶沥青、水泥基渗透结晶型粉料、橡胶沥青、甲基丙烯酸酯（MMA）、补偿收缩砂浆、聚合物砂浆	通过在原有的伸缩缝表面进行开槽，槽中底层填筑柔性止水材料，顶部回填砂浆等硬质材料。用于结构缝水压较大的部位，依靠止水支撑，一般使用在内部水压不大的部位。一般使用这种工艺时配合使用引排法进行导流
二	渗漏	（一）渗漏的种类｜按渗漏状态分为线渗漏、点渗漏、面渗漏等		渗漏处理的一般方法	渗漏处理的一般方法有综合法、粘贴防渗层法、直接堵漏法、导管堵漏法等	综合法、粘贴防渗层法、引排止漏法、灌浆法、凿槽嵌填法、锚固法、钻孔隔离法、补灌沥青法、
		（二）裂缝与层间缝的渗漏处理｜线漏	1	涂刷法	单组分涂刷聚脲、喷涂橡胶、聚氨酯涂料、聚氨酯脲防水涂料、橡胶沥青、丙烯酸酯共聚乳液涂料、水泥基渗透结晶型粉料、喷涂橡胶	对于一般性的渗漏，内水外渗，内部压力不大的情况下，或者承压侧可以采用涂刷法设置一层不透水的涂层，隔绝在涂层一侧
			2	粘贴防渗层法	SR卷材、三元乙丙橡胶片材、三元乙丙复合柔性板	一般适用于压力管道的内壁处理
			3	凿槽嵌填法	甲基丙烯酸甲酯（MMA）、普通砂浆、沥青类塑性填料止水材料、橡胶类塑性填料止水材料	通过在原有的伸缩缝表面进行开槽，槽中底层填筑柔性止水材料，顶部回填砂浆等硬质材料，依靠外部砂浆提供一种工艺时配合使用引排导流。一般使用在内部水压较大的部位。一般使用引排导流
			4	灌浆法	水溶性聚氨酯浆材、改性聚氨酯胶（丙凝）浆材、油溶性聚氨酯灌浆材料、环氧树脂灌浆材料、丙烯酰胺（丙凝）甲凝灌浆材料、壁内浆材	基于氨基甲酸乙酯或者丙烯酯聚合物的灌浆材料和水反应后形成固态沉淀物或泡沫体材料，起到封闭裂缝的作用。可在潮湿环境中使用
			5	引排止漏法	导流管、水泥快速堵漏剂、水玻璃或水泥水玻璃浆材	使用导流管导流，使用水泥快速堵漏剂、水玻璃或水泥水玻璃浆材等进行渗漏部位的表面封堵

续附录

序号	缺陷类型	编号	类别划分	编号	工艺方法	防护修补材料	工艺要点
二	渗漏（三）		结构缝的渗漏处理	1	涂刷法	单组分涂刷聚脲、聚氨酯涂料、聚氨酯防水涂料、橡胶沥青、喷涂橡胶、丙烯酸酯共聚乳液涂料、水泥基渗透结晶型粉料、橡胶沥青、喷涂橡胶	涂刷处理结构缝渗漏，处理位置在结构缝口表面
				2	粘贴法 表面粘贴法	自粘性橡胶密封带	渗水压力很小的部位适用于表面粘贴防渗，或者适用于承压面粘贴
				3	粘贴法 凿槽粘贴法	自粘性橡胶密封带、补偿收缩砂浆、普通砂浆、沥青类塑性填料止水材料、橡胶类塑性填料止水材料	适用于承压面伸缩缝表面粘贴
				4	锚固法 内部锚固法	不锈钢锚固螺栓、不锈钢压板	适用于内部压力较小的部位，承压面伸缩缝表面粘贴
				5	锚固法 外部锚固法	不锈钢锚固螺栓、不锈钢压板、SR卷材、三元乙丙橡胶片材、三元乙丙复合柔性板	适用于承压面伸缩缝表面粘贴
			线渗漏	6	凿槽嵌填法	甲基丙烯酸甲酯（MMA）浆、补偿收缩砂浆、普通砂浆、沥青类塑性填料止水材料	通过在原有的伸缩缝表面进行开槽，槽中底层填筑柔性止水材料，顶部回填砂浆等柔便材料，依靠外部砂浆提供止水支撑。一般使用在内部水压较大的部位。一般使用这种工艺时配合使用引排法进行导流
				7	灌浆法	水溶性聚氨酯浆材、改性聚氨酯浆材、水不溶性聚氨酯或泡沫材料、环氧树脂灌浆材料、甲凝灌浆材料、壁可材料	基于氢基甲酸乙酯或者丙烯酰胺聚合物的灌浆材料和水反应后形成后固态沉淀物或泡沫体材料，起到封闭裂缝的作用。可在潮湿环境中使用
				8	钻孔隔离法	水溶性聚氨酯浆材、改性聚氨酯浆材、丙烯酰胺（丙凝）浆材	使用多种材料钻孔的方法，在孔体内灌注弹性止水材料，达到分隔止水的作用
				9	综合法	综合材料	使用嵌填法、采用涂刷法、粘贴法、粘贴防渗层法、凿槽嵌填法、灌浆法、引排止漏法、钻孔隔离法、补灌沥青法、综合法、直接堵漏法、导管堵漏法等进行综合处理
				10	补灌沥青法	橡胶改性沥青嵌缝油膏、聚氯乙烯防渗胶泥	将伸缩缝中原有的破损的嵌缝材料清理整齐后，继续回填橡胶改性沥青嵌缝油膏、聚氯乙烯防渗胶泥等止水材料

续附录

缺陷类型	类别划分		编号	工艺方法		防护修补材料	工艺要点
渗漏	(四)集中渗漏处理	点渗漏	1	直接堵漏法		导流管、水泥快速堵漏剂、水泥或水玻璃快速堵漏剂、水玻璃浆材、水溶性聚氨酯浆材、改性聚氨酯浆材、丙烯酰胺(丙凝)浆材、油溶性聚氨酯灌浆材料、环氧树脂灌浆材料、甲凝灌浆材料	采用导流管进行引流,采用水泥快速堵漏剂,水泥或水玻璃等材料进行表面封堵,采用水泥水玻璃浆材、水溶性聚氨酯浆材,改性聚氨酯浆材、丙烯酰胺(丙凝)浆材、油溶性聚氨酯灌浆材料、环氧树脂灌浆材料、甲凝灌浆材料等进行化学灌浆后再封堵导流管
			2	导管堵漏法			
			3	灌浆堵漏法			
			4	引排止漏法			
	(五)散渗处理	面渗漏	1	涂刷法		单组分涂刷聚脲、聚氨酯涂料、聚氨酯橡胶、聚氨酯防水涂料、水泥基渗透结晶型防水材料、橡胶乳液涂料、丙烯酸酯防水涂料、橡胶沥青、喷涂沥青、喷涂橡胶	涂刷粘结能力强,防渗效果好的表面涂层
			2	粘贴法		自粘性橡胶密封带	压力不大情况下,可以大面积粘贴自粘性卷材整体防渗
			3	防渗面板法	水泥混凝土防渗面板	水泥混凝土	采用防渗型混凝土覆盖渗漏区域
			4		沥青混凝土面板	沥青混凝土	采用沥青混凝土覆盖渗漏区域
			5	锚固法		自粘性橡胶密封带、不锈钢锚固螺栓、不锈钢压板、SR卷材、三元乙丙橡胶片材、三元乙丙复合柔性板	在渗漏区上游通过自粘性橡胶密封带、不锈钢锚固螺栓、不锈钢压板、三元乙丙复合柔性板组合形成三层的复合防渗条带从而形成严密的隔水层
			6	灌浆法		改性聚氨酯浆材、油溶性聚氨酯灌浆材料、环氧树脂灌浆材料	基于氨基甲酸乙酯或者丙烯酰胺聚合物的灌浆材料和水反应后形成固态沉淀固态凝胶或发泡沫物,起到封闭裂缝的作用,可在潮湿环境中使用。

11

续附录

序号	缺陷类型	编号	类别划分	编号	工艺方法	防护修补材料	工艺要点
三	剥蚀修补	(一) 冻融剥蚀的修补	剥蚀深度小于0.5 cm	1	涂刷法	单组分涂刷聚脲、聚氨酯涂料、聚氨酯脲防水涂料、橡胶涂料、喷涂橡胶、丙烯酸酯共聚乳液涂料、水泥基渗透结晶型粉料、橡胶沥青、喷涂橡胶	养护好的新的混凝土表面涂刷具有防渗、耐水、抗冲磨、抗冻及耐老化特性的涂料进行防护(涂刷法)。剥蚀深度小于0.5 cm时，基面应清理至新鲜、坚硬的混凝土，并清洗干净，基面干燥后，易在其上涂刷防护涂料
			冻融剥蚀深度大于0.5 cm	1	填补法	水泥砂浆、聚合物水泥混凝土、聚合物水泥砂浆、聚合物砂浆	(1)冻融剥蚀深度大于0.5 cm时，应凿除冻融损坏的基层混凝土及脱空的混凝土面，坚硬出新鲜，凿除深度大于1 cm。 (2)对于小面积修补，宜采用聚合物水泥砂浆和聚合物砂浆。 (3)当采用聚合物水泥砂浆修补时，一次涂抹厚度不宜大于2 cm，超过2 cm时应分层涂抹；当采用聚合物水泥混凝土修补时，一次浇筑厚度不宜大于15 cm，超过15 cm时应进行分层浇筑，适当布设插筋，每层浇筑后应及时振捣。顶层砂浆或混凝土表面抹光，并及时养护。 (4)基层混凝土强度等级高于C20时，宜选用聚合物砂浆修补。施工时基面混凝土应干燥。若无法形成干燥条件，厚度不宜大于3 cm，应选用亲水性界面剂。采取无水作业进行回填。采用聚合物水泥砂浆进行回填(填补法)
				2	涂刷法	单组分涂刷聚脲、聚氨酯涂料、聚氨酯脲防水涂料、橡胶涂料、喷涂橡胶、丙烯酸酯共聚乳液涂料、水泥基渗透结晶型粉料、橡胶沥青、喷涂橡胶	冻融剥蚀深度大于0.5 cm的，采用填补法和涂刷法处理。应凿除冻融损坏的基层混凝土及脱空的混凝土，凿除深度大于1 cm，采用聚合物水泥砂浆和聚合物砂浆进行填补，在养护好的新的混凝土或砂浆表面涂刷具有防渗、耐水、抗冲磨、抗冻及耐老化特性的涂料进行防护

续附录

序号	缺陷类型	编号	类别划分	编号	工艺方法	防护修补材料	工艺要点
三	剥蚀修补	(二)	磨蚀和空蚀的修补				
			混凝土磨损和空蚀深度较小的部位	1	填补法	水泥砂浆、聚合物水泥砂浆、聚合物砂浆、直接渗透型表面增强材料	混凝土磨损和空蚀深度小于 3 cm 的部位，使用填补法处理，宜选用聚合物砂浆进行修复
			深度较小的部位			水泥砂浆、聚合物水泥混凝土、聚合物水泥砂浆、聚合物砂浆	(1) 对于空蚀破坏环的修补，应加强修补面的体型控制，严格控制表面不平整度，控制标准应符合《溢洪道设计规范》(DL/T 5166) 的有关规定。 (2) 根据混凝土表层磨损的情况，修补环境和设计要求，应选用高强度等级抗冲磨材料或高弹性抗冲磨材料。 (3) 推移质冲磨破坏的修补可以选用高强硅粉水泥混凝土、高强铁矿石硅粉水泥混凝土、铁钢、嵌缝高强混凝土、高弹性抗冲磨混凝土、高韧性聚合物砂浆及铺设钢板等。
		2			植筋法	无机类锚固剂，双组分环氧类锚固剂	
			混凝土磨损和空蚀深度较大的部位	3	涂刷法	单组分涂刷聚脲、聚氨酯涂料、聚氨酯防水涂料、橡胶沥青、喷涂橡胶、丙烯酸酯共聚乳液涂料、水泥基渗透结晶型粉料、橡胶沥青、喷涂橡胶	(4) 对空蚀磨损及空蚀严重的部位，宜选用高强混凝土。高强混凝土内应用硅粉、纤维、掺和剂、密实剂，不宜掺用引气剂。 (5) 砂浆或混凝土类修补材料与基层混凝土之间的粘结强度应大于 2.0 MPa，且满足设计要求。 (6) 表面抗冲磨防护涂料应选择具有防渗、耐老化及抗冲磨特性的材料，其抗拉强度应大于 20 MPa，涂层与混凝土之间的粘结强度应大于 2.5 MPa。 (7) 插筋宜采用螺纹钢筋、钢筋品种、直径和锚固端端胶凝材料等应满足设计要求。 (8) 混凝土磨损和空蚀深度小于 3 cm 的部位，宜选用聚合物砂浆修复。 (9) 当混凝土磨损和空蚀深度大于 3 cm 时，凿除坑深度大于 15 cm，并布设插筋和钢筋网，插筋直径与深度等应满足设计要求。 (10) 选用聚合物砂浆修补时，基层混凝土要求基面混凝土干燥，施工时要求基层混凝土强度等级不低于 C25。

续附录

序号	缺陷类型	类别划分	编号	工艺方法	防护修补材料	工艺要点
三	剥蚀修补	钢筋锈蚀引起混凝土剥蚀的修补	一般钢筋锈蚀情况 / 1	剥蚀混凝土修补	聚合物水泥砂浆、聚合物砂浆、直接涂透型表面增强材料氯离子侵蚀引起钢筋锈蚀	(1) 钢筋锈蚀引起的混凝土剥蚀的修补方法包括剥蚀混凝土修补、涂层保护和使用阻锈剂等。 (2) 薄层修补材料宜选用抗渗等级不低于 W12 的水泥砂浆、聚合物水泥砂浆；对遭受严重侵蚀的部位可选用聚合物砂浆；当修补厚度大于 10 cm 时，应选用抗渗等级不低于 W12 的水泥混凝土和聚合物砂浆及混凝土。 (3) 在有氯离子侵蚀的环境中，水泥混凝土和砂浆必须掺用钢筋阻锈剂，聚合物水泥砂浆及混凝土也可以掺用阻锈剂。 (4) 对碳化引起的钢筋锈蚀，应将保护层全部凿除。 (5) 对已生锈的钢筋进行除锈。涂刷阻锈剂。钢筋截面满足不了设计要求时应按设计要求补焊钢筋或植筋。 (6) 混凝土或砂浆养护期后表面采用涂层防护。 (7) 位于水位变化区的涂层应具有在干湿交替环境下耐老化的特性。 (8) 涂层与混凝土之间的粘结强度应满足运行的要求。
		氯离子侵蚀引起的钢筋锈蚀	2	涂层保护	单组分涂刷聚脲、聚氨酯涂料、橡胶涂料、喷涂沥青、丙烯酸酯共聚乳液涂料、水泥基渗透结晶型粉料、橡胶沥青、喷涂橡胶碳化引起钢筋锈蚀	
		碳化引起的钢筋锈蚀	3	使用阻锈剂	阻锈剂	
四	碳化	(一) 混凝土表面碳化	1	涂刷法	单组分涂刷聚脲、聚氨酯涂料、橡胶涂料、喷涂沥青、丙烯酸酯共聚乳液涂料、水泥基渗透结晶型粉料、橡胶沥青、喷涂橡胶	涂层防腐碳化材料
		(二) 裂缝内部碳化	2	浸渍法	硅烷浸渍剂	浸渍防护材料或防水材料
		(三) 混凝土内部碳化	3	综合法	综合材料	整体防护法

参 考 文 献

[1] 混凝土坝养护修理规程:SL 230—2015[S]. 北京:中国水利水电出版社,2015.

[2] 龚洛书. 混凝土的耐久性及其防护修补[M]. 北京:中国建筑工业出版社,1990.

[3] 张健. 混凝土防护与修补技术及其特点[J]. 山西建筑,2017,43(19):96-98.

[4] 珀金斯,P. H. 混凝土结构修补、防水与防护[M]. 北京:中国建筑工业出版社,1982.

[5] 李括,宋立元,张为然. 新型界面剂在水工混凝土修补防护中的试验与应用研究[J]. 中国水能及电气化,2018(3).

[6] 蒋正武,龙广成,孙振平. 混凝土修补原理、技术与材料[M]. 北京:化学工业出版社,2009.

[7] 孙志恒. 渠道建筑物混凝土防护新材料及渡槽伸缩缝快速修补技术[C]. 灌区及水工建筑物防渗抗冻胀技术专刊. 2009.

[8] 邵大明,宋立元,曾祥军,等. 手刮聚脲在寒区水工混凝土缺陷修补中的试验及应用研究[J]. 水利技术监督,2018(3).

[9] 林宝尧,李淑华,唐山平. 水工建筑物混凝土表面几种新型防碳化材料[C]. 全国水工混凝土建筑物修补与加固技术交流会. 2011.

[10] 肖承京,陈亮,肖长伟,等. 水工混凝土抗冻融涂层材料的研究与应用[J]. 水力发电,2016,42(5):25-28.

[11] 周子昌,吴振琏,陆苏,等. 水工混凝土表面防护处理技术的研究[J]. 水利水电技术,1995(10):19-23.

[12] 张朝温,李军委. 水工混凝土的碳化与防护[J]. 黄河水利职业技术学院学报,2002,14(3):10-11.

[13] 贾瑞红. 混凝土产生裂缝原因及防护措施[J]. 水科学与工程技术,2012(4):70-72.

[14] 周子昌. 聚合物水泥砂浆在混凝土修补中的应用[J]. 水利水电技术,1994(11):59-63.

[15] 陈改新,黄国兴. 水工混凝土冻融破坏的修补技术[J]. 水利水电技术,1997(3):30-34.